1 MONTH OF
FREE
READING

at
www.ForgottenBooks.com

By purchasing this book you are eligible for one month membership to ForgottenBooks.com, giving you unlimited access to our entire collection of over 1,000,000 titles via our web site and mobile apps.

To claim your free month visit:

www.forgottenbooks.com/free472438

ISBN 978-0-656-65781-0
PIBN 10472438

This book is a reproduction of an important historical work. Forgotten Books uses
state-of-the-art technology to digitally reconstruct the work, preserving the original format
whilst repairing imperfections present in the aged copy. In rare cases, an imperfection in
the original, such as a blemish or missing page, may be replicated in our edition. We do,
however, repair the vast majority of imperfections successfully; any imperfections that
remain are intentionally left to preserve the state of such historical works.

Nachrichtsblatt

der Deutschen

Malakozoologischen Gesellschaft

Begründet von Prof. Dr. W. Kobelt

Einundfünfzigster Jahrgang

Herausgegeben

von

Dr. W. Wenz

in

Frankfurt a. M.

FRANKFURT AM MAIN

Verlag von MORITZ DIESTERWEG

1919

Inhalt.

Nekrologe.

Neue Gattungen und Arten.

Heft I.   (Januar—März.)

Nachrichtsblatt

der Deutschen

Malakozoologischen Gesellschaft

Begründet von Prof. Dr. W. Kobelt.

Einundfünfzigster Jahrgang (1919).

Das Nachrichtsblatt erscheint in vierteljährlichen Heften.
Bezugspreis: Mk. 10.—.
Frei durch die Post und Buchhandlungen im In- und Ausland.
Preis der einspaltigen 95 mm breiten Anzeigenzeile 50 Pfg.
Beilagen Mk. 10.— für die Gesamtauflage.

Briefe wissenschaftlichen Inhalts, wie Manuskripte usw. gehen andie Redaktion: Herrn **Dr. W. Wenz,** Frankfurt a. M., Gwinnerstr. 19
Bestellungen, Zahlungen, Mitteilungen, Beitrittserklärungen, Anzeigenaufträge usw. an die Verlagsbuchhandlung von **Moritz Diesterweg** in Frankfurt a. M.
Ueber den Bezug der älteren Jahrgänge siehe Anzeige auf dem Umschlag.

Inhalt:

Geschäftliche Mitteilungen.

Um den Satz zu erleichtern und Verbesserungen zu vermeiden, werden die Verfasser gebeten, folgende Zeichen in der Niederschrift zu verwenden:

Verfassernamen ‿‿‿‿‿ grosse Buchstaben.
Artnamen — — — Schiefdruck.
Wichtige Dinge ——————— gesperrt.
Überschriften ═════════ fett.

Eingegangene Zahlungen.

Ludwig Henrich, Frankfurt a. M., Mk. 10.—; — Apotheker Wilh. Israel, Gera-Untermhaus, Mk. 10.—; — Seminaroberlehrer P. Ehrmann, Leipzig-Gohlis, Mk. 20.—; — Cand. geol. F. H. Peisker, Leipzig, Mk. 10.—; — S. jaeckel, Charlottenburg, Mk. 10.—.

Veränderte Anschriften.

Herr Zimmermann aus dem Felde zurück wohnt in Berlin-Grunewald, Kunostraße 57. — Herr Oberlehrer Dr. Ulrich Steusloff aus dem Felde zurück wohnt ab 3. Januar 1919 in Gelsenkirchen, Am Stadtgarten 8. — Herr S. jaeckel aus dem Felde zurück wohnt in Charlottenburg, Sybelstr. — Dr. Büttner aus dem Felde zurück wohnt in Zwickau, Reichenbacherstr. 33.

Heft 1. Januar 1919.

Nachrichtsblatt
der Deutschen
Malakozoologischen Gesellschaft.
Begründet von Prof. Dr. W. Kobelt.

Einundfünfzigster Jahrgang.

Die Land- und Süßwassermollusken des Tertiärbeckens von Steinheim am Aalbuch.
I. Die Vertiginiden.
Von
F. Gottschick und W. Wenz.

Mit Tafel I.

Die Auffindung einer Reihe neuer und einiger bisher nur ungenügend gekannter Arten macht eine zusammenfassende Beschreibung sämtlicher bis jetzt in Steinheim gefundener Mollusken wünschenswert.

Hauptsächlich haben verschiedene neue Arten die sogen. „Kleinischichten" geliefert; es sind dies die untersten und zugleich ältesten Schichten Steinheims, am Westrand des Beckens, am vorderen Grot, und wahrscheinlich auch am Nordrand (bei der hohen Steige) anstehend. Sie ziehen sich am vorderen Grot von der Talsohle des Beckens, von etwa 520 m Meereshöhe an, bis zu halber Höhe des Hanges (bei etwa 580 m) empor und enthalten eine Menge S ü ß w a s s e r s c h n e c k e n v e r s c h i e d e n e r A r t e n u n d G a t t u n g e n, wie sie seinerzeit in n o r m a l e m W a s s e r gelebt haben, darunter namentlich den besonders häufigen *Gyraulus kleini* Gottschick et Wenz, nachdem die Schichten benannt sind. Sie zeigen noch keinerlei Spur von warmem Wasser, wie dies die um den ganzen Steinhirt-Klosterberg herum und am ganzen Rande des Beckens abgelagerten Schichten (am Vorderen Grot erst von etwa 580 m an aufwärts) zeigen. Das warme Wasser

.wurde geliefert von heißen Quellen, die sowohl in der Mitte des Beckens, auf der vulkanisch gehobenen einstigen Insel des Steinhirt-Klosterberg, als auch am Ost- und vielleicht auch am Westrand des Beckens hervorgesprudelt sind, nachweisbar durch die zahlreichen Sprudelkalkfelsen mit massenhaft eingelagertem Arragonit und durch die ungeschichteten zum Teil ziemlich mächtigen Kieselsäureniederschläge. Mit dem Auftreten der heißen Quellen hören sofort sämtliche bisher vorhandenen Süßwasserschnecken auf, bis auf 3 Arten, die erheblich verändert sind und nachher noch verschiedene Entwicklungsstufen durchgemacht haben.

Die L a n d s c h n e c k e n sind im ganzen Becken in der Hauptsache dieselben; einzelne Arten freilich findet man entweder bloß am Westrand (in den Kleinischichten), oder bloß in den aus warmem Wasser abgelagerten Schichten des Steinhirt-Klosterberg, und zwar sind es zum Teil ziemlich häufige Arten, die n u r a n e i n e m P l a t z e vorkommen; zum Teil sind es auch nur besondere Formen oder Varietäten einer und derselben Art, die je nur an einem der beiden Hauptorte vorkommen.

Die K l e i n i s c h i c h t e n am Vorderen Grot bilden einen ziemlich steil ansteigenden, gegen Osten geneigten Hang am Westrand des Beckens, das ziemlich kreisrund — mit etwa 4 km Durchmesser — in den Oberen Weißen Jura eingesenkt war (letzterer, aus geschichteten Kalkbänken und aus ungeschichteten Kalkfelsen bestehend, bildete damals wohl eine ziemlich ebene Steppe). Der Hang des Beckens bestand, — wenigstens auf der Westseite — zum Teil aus trockenem steinigem Boden mit kurzer Grasnarbe (viele Torquillen, Pupillen), zum Teil aber auch aus frischerem Boden mit Waldbestand (Celtisfrüchte findet man stellenweise recht häufig). Das unten anstehende Wasser war offenbar ursprünglich ganz normal, als Wasserpflanzen sind nur Characeen nachweisbar, die später, in den Warmwasserschichten, wesentlich üppiger gediehen sind; am Ufer ist Schilf gewachsen, dessen Abdrücke man ab und zu findet, und Gras, auf welches namentlich die vielen Alaeen hinweisen.

Der in der Mitte des Beckens vulkanisch emporgetriebene Bergkegel des Steinhirt- Klosterberg, oben vorwiegend aus braunem Jura bestehend, hatte mehr lehmigen Boden, jedenfalls aber auch kurzrasige Flächen (mit vielen Torquillen), wohl nur vereinzelt trug er auch etwas Baumwuchs (Celtisfrüchte sind nicht häufig). Aufgeschlossen sind seine Schichten (durchgängig Warmwasserschichten) durch die „Sandgruben", von denen hauptsächlich die Pharionsche, auf der Westseite des Kegels, in Betracht kommt.

Die — allerdings nicht bedeutenden — Abweichungen in der Schneckenfauna der beiden Plätze, rühren wohl jedenfalls von den soeben geschilderten besonderen örtlichen Verhältnissen her.

Es folgt zunächst eine Beschreibung der Vertiginiden.

Familie Vertiginidae.

Genus Torquilla, Faure-Biquet b. Studer, 1820.

1. Torquilla schübleri (Klein).

1830. *Pupa antiqua,* Zieten, Die Versteinerungen Württembergs, S. 39, Taf. XXIX, Fig. 7 (non Matheron).

1846. *Pupa schübleri,* v. Klein, Jahresh. d. Ver. f. vaterl. Naturk. in Württemberg, II, S. 74, Taf. I, Fig. 18.

1875. *Pupa (Torquilla) antiqua* Sandberger, Die Land- und Süßwasserconchylien der Vorwelt, S. 653, Taf. XXVIII, Fig. 12.

1900. *Pupa (Torquilla) schübleri,* Miller, Jahresheft des Vereins für vaterländische Naturkunde in Württemberg, LVI, S. 396, Taf. VII, Fig. 12.

1911. *Pupa (Torquilla) antiqua,* Gottschick, Jahreshefte des Vereins für vaterländische Naturkunde in Württemberg, LXVII, S. 506.

Nächstverwandt mit dieser bisher nur von Steinheim bekannten Art ist *T. noerdlingensis* (Klein) (= *subfusiformis* Sdbgr.), die auch in der Bezahnung über-

einstimmt, im Durchschnitt aber etwas kleiner und
leicht gerippt ist, während der Typus der Steinheimer
Form nur gestreift ist. Angesichts der starken Veränderlichkeit aller Arten dieser Gattung, wird man die
Steinheimer Form nur als örtliche Mutation der noerdlingensis auffassen können. Größe und Berippung bzw.
Streifung der *schübleri* ist ja auch großen Schwankungen unterworfen.

Die Stücke der Kleinischichten stimmen im allgemeinen mit denen der „Sandgrube" überein; doch
finden sich dabei auch Stücke mit etwas stärker gewölbten, durch tiefere Nähte getrennten Umgängen.
Besonders auffallend ist das Vorkommen s t a r k u n d
r e g e l m ä ß i g   g e r i p p t e r Stücke, die als:

T o r q u i l l a   s c h ü b l e r i   g r o s s e c o s t a t a n, var.

ausgeschieden werden mögen.

Diagn.: Unterscheidet sich vom Typus durch ziemlich regelmäßige gerade bis schwach gebogene
Rippchen.

Stärke und Entfernung der einzelnen Rippchen, die
beim einzelnen Stück meist konstant sind, sind bei
verschiedenen Stücken recht verschieden, so daß man
alle Uebergänge von dem feingestreiften Typus bis zu
grobgerippten Stücken beobachten kann.

So große Stücke, wie unter den gestreiften, sind
bei den gerippten Formen nicht zu finden; einzelne
Stücke unter den gerippten sind nur 5,5 mm lang.

Einzelne leicht gerippte Stücke mit etwas stärker
gewölbten Umgängen gleichen sehr der hier lebenden
Form von *frumentum* Drap., haben jedoch das Gewinde etwas schlanker zugespitzt und außen keinen so
starken Ringwulst.

Schwächer gerippte Formen mit flacheren Umgängen haben große Aehnlichkeit namentlich mit bos-
nischen Formen von frumentum, die wie auch die südtiroler meist sehr flache Umgänge haben und erheblich
größer sind als die bei uns lebende Form von *frumentum;* die südtiroler haben wie *schübleri* außen
meist keinen Ringwulst.

Wie von Gottschick l. c. S. 506 ausgeführt ist,

hat *schübleri* bisweilen auch eine 5. Falte, nur schwach angedeutet, dicht neben der Naht verlaufend, wie dies auch bei frumentum zu sehen ist.

2. Torquilla n. sp.?

In den Kleinischichten kommt — bis jetzt allerdings nur in einigen Bruchstücken mit den ersten 5 Windungen gefunden — eine 2., mit schübleri nicht durch Uebergänge verbundene .Torquilla vor, die von der bezüglich ihrer Anfangswindungen sich stets ziemlich gleich bleibenden schübleri deutlich verschieden ist durch ihre auffallend schlank zugespitzten Anfangswindungen. Am nächsten steht ihr ein im Sylvanakalk von Hohenmemmingen gefundenes wohl zu noerdlingensis gehöriges Bruchstück, das auch recht schlank zugespitzt ist; das Anfangsgewinde der Steinheimer Form ist aber noch etwas schlanker, ihre Umgänge sind ein wenig stärker gewölbt, die Nähte etwas tiefer.

Genus Pupilla, Leach, 1820.

3. Pupilla iratiana suevica n. var.

Taf. I. Fig. 4—5.

1850. *Pupa Iratiana*, Dupuy; Journ. de Conch. I. p. 310, Taf. XV, Fig. 7.
1874. *Pupa (Pupilla) Iratiana*, Sandberger; D. Land- u. Süßw. Conch. d. Vorwelt, p. 547, Taf. XXIX, Fig. 20.
1881. *Pupilla iratiana*, Bourguignat; Hist. malacol. de la colline de Sansan, p. 66, Taf. III, Fig. 83 bis 85.

Diagn.: In Gestalt und Größe mit dem Typ. gut übereinstimmend, sich jedoch durch stärkere Rippenstreifung und das Auftreten eines sehr flachen aber ausgedehnten runden Angularhöckers unterscheidend. H = 2,6 mm, D = 1,4 mm.

Vorkommen: Steinheim in der Kleinizone.

Wenn wir die Steinheimer Form als Var. nicht an *P. eumeces* Bttg., sondern an *P. iratiana* (Dupuy) von Sansan anschließen, so geschieht dies, weil wir

glauben, daß *P. eumeces* nichts anderes als selbst
eine Var. von *P. iratiana* ist. Ihre Unterschiede von
iratiana bestehen im wesentlichen darin, daß bei ihr
der 'untere. Spiraleindruck den Nackenwulst durchbricht.
Es ist dies keineswegs ein so einschneidender Unterschied, wie es zunächst erscheinen mag, denn es hängt
lediglich damit zusammen, daß der untere Gaumenzahn bezw. die untere Gaumenfalte etwas stärker ausgebildet ist. Auch zeigt sich bei den meisten, jedoch
nicht allen Stücken von eumeces bei genauerer Untersuchung ein schwaches punktförmiges Angular-
knötchen.   •
    Mit *P. iratiana eumeces,* die sich in den ober-
miocänen Landschneckenmergeln von Frankfurt recht
selten findet, und die uns von mehreren Fundorten
(Schleusenkammer, Palmengarten, Eschersheimer
Ldstr.) vorliegt, stimmt die schwäbische Form in Gestalt und Größe gut überein; sie ist etwas kräftiger
und eher noch etwas mehr zylindrisch, oben und unten
gleich breit, mit stärker gewölbten, durch tiefere Nähte
getrennten Umgängen und kräftigeren, etwas unregel-
mäßigeren Rippen. Der Mundsaum ist stärker umgeschlagen und mehr ausgebreitet, die Mundränder sehr
genähert und durch eine sehr dünne Schwiele verbunden. Der Angularhöcker, bei P. iratiana eumeces
nur schwach punktförmig angedeutet, ist bei P. iratiana
suevica sehr ausgedehnt rundlich, aber flach und tritt
erst bei stärkerer Vergrößerung besonders im Bino-
kular deutlich hervor. Im Gegensatz zu *eumeces* durchbricht hier der Spiraleindruck 'des Nackens den Nackenwulst nicht, da der untere Gaumenzahn mehr als rundlicher Höcker denn als Falte ausgebildet ist.
    Außer in Sansan und Frankfurt findet sich *P.*
iratiana noch im ostgalizischen. Obermiocän, wo sie
von Lomnicki von Barycz angeführt wird und vielleicht auch noch in Undorf.

4. Pupilla submuscorum n. sp.

Taf. I. Fig. 6—7.

Diag.: Gehäuse zylindrisch-eiförmig, genabelt, mit
stumpfem Wirbel, schwach gestreift, glänzend. Die

6½ bis 7 schwach gewölbten Umgänge sind durch eine seichte Naht getrennt. Kurz vor der Mündung befindet sich eine Einschnürung und dahinter ein kräftiger Ring-wulst. Die Mündung ist halbkreisförmig, mit genäher-ten, durch eine dünne Schwiele verbundenen Mund-rändern. Mundsaum scharf, etwas umgeschlagen.

Die Mündung zeigt 3 Zähne: eine dünne lamellen-artige Parietale, eine stumpfe, aber kräftige, tief einge-senkte Columellare und eine etwas längliche Palatale, die nicht bis zum Mundsaum reicht und der außen ein Nackeneindruck entspricht.

H = 3—3,5 mm, D = 1,8 mm.

Vorkommen: Steinheim, in den Kleinischichten, ziemlich selten. Die Art stimmt bezüglich ihrer Ge-samtgestalt außerordentlich gut mit *P. muscorum* M. überein; außer der Bezahnung zeigt sie allerdings einige kleine, freilich nicht bei allen Stücken gleich-mäßig auftretende Verschiedenheiten; die Ringwulst vor der Mündung ist meist, aber nicht immer scharf gekielt, während er bei muscorum meist ziemlich ab-gerundet ist; die Einschnürung zwischen Ringwulst und Mündungsrand ist bei submuscorum breiter und etwas flacher als bei muscorum, woselbst die Ein-schnürung meist ziemlich schmal und der Mündungs-rand etwas schärfer umgeschlagen ist. Einzelne Stücke zeigen aber Uebergänge, so daß — abgesehen von der Bezahnung — kaum mehr ein Unterschied besteht. — Bezüglich der Bezahnung schließt sich submuscorum an *P. triplicata* Stud. an, der sie aber durch die Form des Gehäuses und der Umgänge ferner steht. Sie gehört zweifellos in eine Gruppe mit *P. muscorum, bigranata,* unter denen sie die stärkste Bezahnung aufweist.

5. Pupilla perlabiata n. sp.
Taf. 1. Fig 8—9.

Gehäuse zylindrisch-eiförmig, feingenabelt, kräftig, mit stumpfem Wirbel. schwach gestreift, seidenglän-zend. Die 6 gewölbten Umgänge sind durch mäßig tiefe Nähte getrennt; der letzte ist kurz vor der Mündung eingeschnürt und dahinter mit einem sehr kräftigen Ringwulst versehen. Die Mündung ist gerundet, der Mundsaum oben rechts schwach umgeschlagen, nach unten und links stark umgeschlagen und erbreitert. Die Mundränder sind durch eine vom Umgang kaum abgesetzte Schwiele verbunden. Gegen innen ist die Mündung auffallend stark verdickt, und zeigt — außer der Zahnfalte am rechten Mundsaum — unten und links 2—3 fast an Zähne erinnernde Anschwellungen. Auf der Mitte der Mündungswand sitzt — ziemlich vertieft — eine kräftige Zahnfalte, an die sich nach außen und oben ein deutlicher Angularhöcker anschließt. Die Spindelfalte ist tief eingesenkt und kräftig. Von den drei Palatalen ist die obere zahnartig und mit dem Mundsaum verbunden; unten, etwas zurück, sitzt ein rundlicher Gaumenzahn, dem auf dem Nacken hinter der Wulst ein kurzer Eindruck entspricht, etwas weiter zurück und zugleich ein wenig mehr rechts ein 2., kleiner, länglicher Gaumenzahn. H = 2,5 mm, D = 1,5 mm.

Vorkommen: Steinheim, Kleinischichten, nur 1 Stück gefunden.

Bezüglich der Bezahnung steht *perlabiata* der *P. selecta*, besonders der *selecta suprema* Bttg. aus den Hydrobimschichten des Mainzer Beckens ziemlich nahe; letztere Form hat den Mundsaum — mit Ausnahme des obersten rechten Mundrands — ebenfalls stark verdickt und zeigt auch eine zahnartige Anschwellung am rechten Mundsaum. *Perlabiata* ist aber kleiner und hat stärker gewölbte Umgänge, (steht somit zu selecta in einem ähnlichen Verhältnis wie etwa *P. sterri* Voith zu *muscorum* M.).

6. Pupilla steinheimensis (Miller).

Taf. I. Fig. 10—11.

1900. *Pupa (Pupilla) steinheimensis*, Miller; l. c. p. 389, Taf. VII, Fig. 15.

Diagn.: Gehäuse linksgewunden, zylindrisch-eiförmig, eher oben breiter als unten, genabelt, mit stumpfem Wirbel, sehr fein gestreift, fast glatt. Die 6 ziemlich flach gewölbten Umgänge sind durch flache bis mäßig tiefe Nähte getrennt. Kurz vor der Mündung befindet sich ein Ringwulst. Die Mundränder sind wenig umgeschlagen, kaum genähert und durch eine kräftige Schwiele verbunden.

Die Mündung ist 2—3 zähnig. Die mittelständige Parietale ist lamellenartig, kräftig, an einem Stück fehlt sie; die Columellare ist tief eingesenkt, ebenfalls kräftig. Der schwachen Palatale, die bisweilen fehlen kann, entspricht außen ein kurzer, kräftiger Nackeneindruck. Der Angularhöcker ist rund, breit, aber ziemlich flach.

H = 2,4 mm, D = 1,5 mm.

Vorkommen: Steinheim, in der Sandgrube, hauptsächlich in den oberen Discoideusschichten; z. selten.

Die nächste fossile Verwandte ist *P. blainvilleana* (Dupuy), die aber hinlänglich durch Größe, Form und Bezahnung verschieden ist.

Genus Negulus, Boettger, 1889.

7. N e g u l u s   s u t u r a l i s   g r a c i l i s   n.   v a r.

Taf. I. Fig. 12—13.

1859. *Pupa suturalis,* Sandberger; d. Conch. d. Mainzer Tert.-Beckens. p. 54, Taf. V, Fig. 13, Taf. VI, Fig. 1.

1912. *Negulus lineolatus,* Jooss; Nachr.-Bl. d. D. Malakozool. Ges. p. 36.

1914. *Negulus suturalis,* Wenz; Jahrb. d. Nassau. Ver. f. Naturk. LXVII, p. 92, Taf. V, Fig. 13. (S. dort auch weitere Lit.)

Von der typischen Form aus den Landschneckenkalken von Hochheim unterscheiden sich die Steinheimer Stücke zwar wenig aber doch sehr konstant, weshalb es sich empfehlen dürfte, sie als var. gracilis abzutrennen.

Diagn.: Vom Typ. dadurch unterschieden, daß das Gehäuse schmäler und schlanker, d. h. bei gleicher Länge weniger breit ist, mehr zylindrisch erscheint und langsamer und regelmäßiger zunehmende Umgänge besitzt.

H = 1,6 mm, D = 0,75 mm.

Die Stücke aus den Hydrobienschichten sind wesentlich breiter und gedrungener. Die Tuchorschitzer
Form kommt den Steinheimer Stücken schon beträchtlich näher, ist aber nicht so zylindrisch. Die Form aus
dem obermiocänen Landschneckenmergeln von Frankfurt ist wesentlich vom Typ. unterschieden dadurch,
daß sie viel größer und viel schlanker ist und weniger
stark gewölbte, durch flachere Nähte getrennte Umgänge besitzt *(N. suturalis francofurtanus)*. Von den
Steinheimer Stücken weichen sie durch bedeutendere
Größe und weniger zylindrische Form ab.

Die Form ist im europäischen Tertiär außerordentlich weit verbreitet. Sie findet sich außer in den Landschneckenkalken von Hochheim in dem gleichaltrigen
Calcaire d'Etampes von Côte-Saint-Martin *(Pupa
edentula Deshayes)*, in den Hydrobienschichten des
Mainzer Beckens, den Oepfinger Schichten von Donaurieden und Erbach, den Süßwasserschichten von
Tuchorschitz und den obermiocänen Landschneckenmergeln von Oppeln und Frankfurt a. M. Auch der
oberpliocäne *N. villafranchianus* (Sacco) gehört noch
in den Formenkreis der Art mit herein; ebenso *N.
bleicheri* (Paladilhe) aus dem Mittelpliocän (Plaissan-
cien) von Montpellier *). Mit diesen beiden Formen
ist die Gattung in Europa ausgestorben und besitzt
heute nur noch in Abessynien lebende Vertreter.

Genus Isthmia, Gray, 1840.

8. Isthmia lentilii (Miller).

Taf. I. Fig. 14—17.

1900. *Pupa (Isthmia) Lentilii*, Miller; l. c. p. 406.
1912. *Isthmia lentilii*, Jooss; l. c. p. 37, Taf. II,
Fig. 6—6 b.

Eine gute Beschreibung und Abbildung dieser Art
hat Jooss l. c. gegeben und dabei bereits auch der
Beziehungen zu *I. splendidula* Sdbgr. und *I. cryptodus*
Sdbgr. gedacht, sowie ihr Verhältnis zu den lebenden

---

*) Auch in dem gleichaltrigen Horizent von Hauterive scheint
diese Art vorzukommen, wo sie von · Michaud als Vertigo
minutissima angeführt und abgebildet wird. (Descr. coq. foss.
Hauterive p. 21. Taf. IV. f. 4).

Arten *l. salurnensis* (Reinh.), *claustralis* (Gredl.) und *strobeli* (Gredl.) dargelegt. Beizufügen wäre, daß neben ziemlich kräftig gerippten Gehäusen auch fast ganz glatte vorkommen.

Vorkommen: Steinheim, sowohl in der Sandgrube (in den oberen Discoideusschichten), als auch in der Kleinizone; überall selten.

Genus Leucochila, v. Martens, 1860.

9. Leucochila acuminata (Klein).

1846. *Pupa acuminata,* v. Klein; l. c. p. 95, Taf. I, Fig. 19.
1853. *Pupa quadridentata,* v. Klein; Jahresh. d. Ver. f. vaterl. Naturk. in Württemb. IX, p. 216, Taf. V, Fig. 13.
1916. *Leucochila acuminata,* Gottschick et Wenz; Nachr. Bl. d. D. Malakozool. Ges. p. 62, Taf. I, Fig. 2—6 (s. dort auch weitere Lit.).

Diese weitverbreitete Art findet sich auch in Steinheim, fast auschließlich allerdings in 2 besonderen Formen:

a. Leucochila acuminata procera Gottschick et Wenz.

Taf. I. Fig. 18—19.

1916. *Leucochila acuminata* var. *procera,* Gottschick et Wenz, l. c. p. 64, Taf. I, Fig. 5.

Wir haben l. c. bereits darauf hingewiesen, daß die Steinheimer Form der *L. acuminata* höher, schlanker und mehr zylindrisch ist und etwas tiefer eingesenkte Nähte besitzt. Immerhin finden sich auch gelegentlich Stücke, die den Uebergang nach dem Typ. hin vermitteln (Taf. I, Fig. 18—19).

Vorkommen: Steinheim, in der Sandgrube in den oberen Discoideusschichten.

b. Leucochila acuminata larteti (Dupuy).

Taf. I. Fig. 20—21.

1850. *Pupa Larteti,* Dupuy; Journ. de Conchyliologie I. p. 307, Taf. XV, Fig. 5.

1874. *Pupa (Leucochila) Larteti,*Sandberger; D. Land-
u. Süßwasserconch. d. Vorw. p. 548, Taf. XXIX,
Fig. 21.
1881. *Vertigo Larteti,* Bourguignat; Hist. malacol. du
colline de Sansan p. 71, Taf. IV,, Fig. 88—91.
1916. *Leucochila acuminata var. larteti,* Gottschick et
Wenz; l. c. p. 64, Taf. I, Fig. 6.

Die vollständig mit dem Typ. von Sansan über-
einstimmende Form kommt ziemlich häufig in Steinheim in den Kleinischichten vor und ist, wie es scheint,
auf diese beschränkt. Daneben kommen aber auch —
allerdings seltener, Formen vor, die zu *acuminata*
überleiten.

Außer von den beiden Fundorten wird die Form
noch von Le Locle und (?) aus den Süßwasserbil-
dungen der sarmatischen Schichten von Rakosd (Com.
Hunyad) angeführt. Ueber ihre Beziehungen zu den
anderen verwandten Formen und deren Vorkommen
vergl. Gottschick u. Wenz l. c.

10. Leucochila nouletiana (Dupuy).

Taf. I. Fig. 22—23.

1850. *Pupa Nouletiana,* Dupuy; Journ. de Conchyliologie I. p. 309, Taf. XV, Fig. 6.
1916. *Leucochila nouletiana,* Gottschick et Wenz;
l. c. p. 65 (s. dort auch die weitere Lit.).

Lange Zeit ist diese typische Leitform des Obermiocäns (torton.-sarmat. Stufe) in Steinheim übersehen
worden, vielleicht infolge Verwechslung mit den anderen Leucochilaarten. Das reichlich und in guter Erhaltung nunmehr vorliegende Material gestattet auch
die Entscheidung der Frage, welche Form hier vorliegt.
Es zeigt sich, daß es sich ausschließlich um den Typ.
handelt und die var. *gracilidens* hier offenbar nicht
vorkommt. Während die Mehrzahl der Stücke 3 Palatalen erkennen läßt, finden sich seltener Stücke mit
fehlender oberster Palatale.

Vorkommen: Steinheim, in der Kleinizone sehr
häufig; in der Sandgrube in den oberen Discoideusschichten ziemlich selten.

Ueber die Verbreitung der Form vergl. Gottschick
u. Wenz, l. c.

11. Leucochila suevica (Sandberger).

Taf. I. Fig. 24-25.

1874. *Pupa (Vertigo) suevica*, Sandberger; D. Land-
u. Süßwasserconch. d. Vorw. p. 654.
1900. *Pupa (Leucochilus) suevica*, Miller; l. c. p. 398,
Taf. VII, Fig. 16.

Diese in Steinheim häufige Vertiginide ist sehr
veränderlich in Größe und Form der Schale. Wesentlich konstanter ist die Bezahnung. Doch finden sich
sehr selten auch Stücke, denen die oberste Palatale, die
untere Columellare und sogar die linke Parietale fehlt
und die zur Aufstellung des *L. heterodus* Veranlassung
gaben.

Vorkommen: Steinheim, in der Kleinizone sowie
in der Sandgrube (in den oberen Discoideusschichten)
häufig.

Genus Vertigo, Müller, 1774.

Subgenus Alaea, Jeffreys, 1830.

12. Vertigo (Alaea) callosa (Reuss).

Taf. I. Fig. 26—34.

1849. *Pupa callosa*, Reuss; Palaeontographica 11,
p. 30, Taf. III, Fig. 7.
1914. *Vertigo (Alaea) callosa*, Wenz; Jahrb. d.
Nassau. Ver. f. Naturk. LXVII, p. 99, Taf. VI,
Fig. 23 (s. dort auch weitere Lit.).

Die Formengruppe der *V. (Alaea) callosa* fand
sich in Steinheim sowohl in der Sandgrube als auch
in der Kleinizone; während sie aber an der ersteren
Stelle nur ganz vereinzelt vorkommt, ist sie in der
Kleinizone außerordentlich häufig; und zwar tritt sie
hier in einer solchen Formenfülle auf, wie sie bisher
kaum an einem anderen Fundort beobachtet wurde
und die geradezu zu einer genaueren Untersuchung
der ganzen Gruppe herausfordert.

Wir beschränken uns zunächst auf die Steinheimer Formen. Die typisch 6 zähnige Form kommt
in zwei verschiedenen Varietäten vor. Verhältnismäßig

häufig ist eine sehr große Form mit breitem Mundsaum und recht kräftiger Bezahnung (Taf. I Fig. 27)
H = 2,3 mm und D = 1,4 mm, was ungefähr der
mut maxima Bttg. entspricht. Es ist besonders her-
vorzuheben, daß alle großen Stücke dieser Var. angehören und sich keine Uebergänge zu den zahlreichen
anderen Formen finden; sie nimmt somit eine verhältnismäßig selbständige Stellung ein. Seltsamerweise
findet sich die Form auch linksgewunden. Es liegen
2 Exemplare vor, die sich im übrigen nicht von den
rechts gewundenen Stücken unterscheiden, wovon man
sich am besten durch Betrachtung der Stücke im
Spiegel überzeugt.

Viel seltener dagegen findet sich der 6 zähnige
Typ unter den kleineren Formen, die in Steinheim
weit überwiegen. (Taf. I, Fig. 28.) Auch bei ihm ist
die Bezahnung eine recht kräftige. An diese Form
kann man ohne weiteres eine nur 5 zähnige anschließen (Taf. I, Fig. 26). Das Fehlen des Basalzahnes ist hier wohl eine Folge der im allgemeinen
schwächeren Bezahnung.

Die nächste Form mit kräftigerer Bezahnung gehört der

Vertigo (Alaea) callosa divergens Flach

Taf. I. Fig. 29.

an. Bei ihr tritt stets noch eine dritte obere Palatale
hinzu. Dazu kommen als weitere Merkmale die
schräg gestellte rechte und daher nach außen diver-
gierende Parietale, der zipflig vorgezogene rechte
Mundrand und der kräftige, von der Nackenfurche
durchbrochene Ringwulst (Taf. I, Fig. 29). Diese
Form ist in Steinheim nicht gerade häufig.

Verhältnismäßig nahe dieser letzteren Form steht
eine weitere, die der

Vertigo (Alaea) callosa diversidens Sandberger

Taf I. Fig. 30.

entspricht, mit kleiner, völlig quer gestellter rechter
Parietale und nicht durchbrochenem Nackenwulst

(Taf. I, Fig. 30). Auch diese Form ist verhältnismäßig selten.

Die Vermehrung der Zähne kann aber auch noch
in einer anderen Weise stattfinden, durch Aufspalten,
bezw. Verdoppelung des Basalzahnes. Auf diese Weise
kommt

Vertigo (Alaea) callosa diversidens
Sandberger

Taf. I. Fig. 31.

zustande. Sandberger hat die Form allerdings zuerst
als 6 zähnig beschrieben; allein die größte Zahl der
Stücke von Sansan, auf die sich die Beschreibung
gründet, zeigt den verdoppelten Basalzahn, was Sandberger offenbar entgangen ist. Sie müssen demnach
als die typische diversidens betrachtet werden (Taf. I,
Fig. 31). Typische diversidens sind in Steinheim ebenfalls verhältnismäßig selten.

Bei weitem der größte Teil der Steinheimer Stücke
aus den Kleinischichten, etwa die Hälfte der kleineren
Formen, gehört einem sehr konstanten Typ an, der als

Vertigo (Alaea) callosa steinheimensis
n. var.

Taf. I. Fig. 32—33.

ausgeschieden werden möge. Diese Form schließt sich
unmittelbar an v. divergens an, von der sie sich durch
das Auftreten einer deutlichen dritten linken Parietale unterscheidet (Taf. 1, Fig. 32—33). In seltenen
Fällen kann hier die oberste Palatale fehlen.

Damit ist aber die Zahl der Formen noch keineswegs erschöpft. Es finden sich noch stärker bezahnte
Formen, die man als Kombinationen von diversidens
und steinheimensis auffassen kann, da sie die aufge-
spaltene Basale sowie die dritte Parietale zeigen. Sie
mögen als:

Vertigo (Alaea) callosa perarmata n. var.

Taf. I. Fig. 34—35.

bezeichnet werden (Taf. I, Fig. 34—35). Bei einzelnen
Stücken kann entweder die dritte Parietale oder die

obere Palatale fehlen. Es kann aber auch vereinzelt noch ein deutliches Angularhöckerchen hinzutreten, so daß wir als Endglied eine 10 zähnige Form erhalten (Taf. I, Fig. 35). Damit sind die Steinheimer Formen erschöpft.

Die Schlüsse, die wir aus dieser minutiösen Durcharbeitung der Steinheimer Formen der Callosagruppe ziehen können, wollen wir uns bis zum Schlusse aufsparen und nun zunächst einen Blick auf die übrigen Glieder der Callosagruppe werfen, wobei wir sie nach dem geologischen Alter gruppieren.

Die älteste uns bekannte Form dieser Gruppe ist die 5 zähnige *V. (Alaea) callosa cyrenarum* Zinndorf aus den Süßwasserschichten der oberen Schleichsande des Offenbacher Hafens.

Die nächste jüngere Form aus den Landschneckenkalken von Hochheim (Ob. stampische Stufe) *V. (Alaea) callosa maxima* Bttg. ist typisch 6 zähnig mit kaum eingedrücktem und nur wenig vorgezogenem rechten Mundrand.

Die Stücke aus den Hydrobienschichten des Mainzer Beckens (Aquitanische Stufe s. str.) gehören der *V. (Alaea) callosa alloeodus* Sdbgr. an, die sich ganz an die vorige anschließt und ebenfalls noch nicht den stark winklig vorgezogenen und eingedrückten Mundrand zeigt und sich im wesentlichen aber nicht konstant durch feinere Bezahnung unterscheidet. Sehr selten kommen unter diesen auch bereits 7 zähnige Formen mit einer dritten oberen Palatale vor; noch seltener sind 5 zähnige Stücke bei denen der Basalzahn fehlt.

Die Tuchorschitzer Stücke, die V. (Alaea) callosa typ. angehören (Burdigal. Stufe) sind ebenfalls vorwiegend 6 zähnig, doch kommen auch hier nicht selten 7 zähnige Stücke mit dritter oberer Palatale vor. Charakteristisch ist für sie der „kleeblattartige" eingeschnürte und zipflig vorgezogene Mundrand, der für die meisten jüngeren Formen typisch ist.

Von den obermiocänen Formen stehen den bisher besprochenen die der Landschneckenmergel von Frankfurt bei weitem am nächsten. Hier findet sich neben *v. alloeodus* die kleinere und schwächere *V. (Alaea) callosa convergens* Bttg., die immerhin dadurch bemerkenswert ist, daß sie ebensooft 6 wie 7 zähnig auftritt.

In den Braunkohlentonen von Undorf findet sich die große 6 zähnige Form, die wir bereits von Steinheim kennen; auch hier scheint sie verhältnismäßig selten zu sein. Der größte Teil der Formen gehört der stärker bezahnten Formengruppe an, wie in Steinheim. Am häufigsten tritt *v. cardiostoma* und *v. divergens* auf, als seltenere Ausnahme *v. steinheimensis;* ja selbst Formen mit einem Angularhöckerchen fehlen nicht.

Endlich gehört aus dem Mittelpliocän von Montpellier noch *V. (Alaea) pseudoantivertigo* Bleicher hierher, eine Form, die man als eine schwache Varietät der lebenden Form auffassen kann. Sie ist 7 zähnig, 2 Parietale, 1 Collumellea, 2 Basale, 2 Palatale, und besitzt die typische stark eingeschnürte, herzförmige Mündung.

Das Gesamtbild, das uns diese Untersuchung zeigt, ist demnach etwa folgendes: Wir erkennen eine fortlaufende Tendenz zur Vermehrung der Bezahnung von der ursprünglich 5 zähnigen Form bis zu den 10-zähnigen Endgliedern; aber wir haben keine glatte Entwicklungsreihe, wie sie Boettger annahm, als er seine „Entwicklung der Pupa-Arten des Mittelrheingebietes in Zeit und Raum" schrieb. Solche glatten Entwicklungsreihen dürften überhaupt recht selten sein. Vielmehr finden wir stets auch in den jüngsten Ablagerungen Rückschläge in ältere Glieder der Formenreihe, die vielleicht als atavistische Momente zu werten sind. Sie werden in den jüngeren Ablagerungen zwar immer seltener, kommen aber nie ganz zum Verschwinden. Das gilt auch in gleicher Weise für den heute noch lebenden Nachkommen dieser Formenreihe *Vertigo (Alaea) antivertigo* (Drap.). Auch bei dieser Art ist noch keine Festigung der Bezahnungscharaktere eingetreten. Neben der 7 bis 10 zähnigen Form haben wir auch selbst heute noch als Seltenheit die 6 zähnige. Dagegen ist die herzförmige Bildung der Mündung durch Einschnürung des rechten

Mundrandes, ein Merkmal, das sich schon früher ein-
stellte, heute konstant geworden.

Was endlich die zahlreichen Varietäten betrifft,
die bei dieser Formengruppe unterschieden worden
sind, so dürfen wir nicht vergessen, daß es nur einzelne
Etappen in dem Entwicklungsgange sind, oft mehr
oder weniger geschickt und willkürlich von uns ge-
wählt, und daß dieser Entwicklungsgang keineswegs
immer geradlinig verlief. Manche Wege sind einge-
schlagen und später wieder verlassen worden und noch
heute scheint diese Entwicklung in vollem Fluß begriffen zu sein. Es ist dies alles im Grunde genommen
selbstverständlich, verdient aber dennoch hier, wo es so
offen zutage tritt, einmal besonders hervorgehoben
zu werden.

13. Vertigo (Alaea) angulifera Boettger.

Taf. I. Fig. 36—37.

1884. *Vertigo (Alaea) angulifera,* Boettger; Ber. d.
Senckenb. Naturf. Ges. p. 271, Taf. IV, Fig.
10 a bis c.
1889. *Vertigo (·Alaea) angulifera* Boettger; Jahrb. d.
Nass. Ver. f. Naturk. XLII. p. 310.·
1900. *Pupa (Alaea) aperta* Miller (non Sandberger);
Jahresh. d. Ver. f. vaterl. Naturk. in Württemb.
LVI. p. 397, Taf. VII, Fig. 13.
1912. *Vertigo (Alaea) aperta,* Jooss; Nachr. Bl. d. D.
Malakozool. Ges. XLIV., p. 40, Taf. II, Fig. 7.-

In seiner Arbeit über „Die Schneckenfauna des
Steinheimer Obermiocäns" l. c. p. 397 erwähnt Miller
eine *Pupa (Alaea) aperta* Sandb. ms., die nur ganz
kurz charakterisiert ist; eine Abbildung findet sich
auf Taf. VII, Fig. 13. Später hat Jooss l. c. p. 40 die
Form eingehender beschrieben und auch eine neue gute
Abbildung davon gegeben, auf die wir noch zurück-
kommen werden. Es handelt sich um eine kleine
in der Sandgrube in der Discoideus-Trochiformisschicht
verhältnismäßig seltene Vertiginidenart. Miller bemerkt dazu: „Nicht beschrieben; erwähnt S. 653/4
als Vertigo aff. pygmaea. „Die letztere Notiz bezieht
sich auf Sandbergers: „Land- und Süßwasserconch. d.

Vorwelt. Dazu ist nun zunächst zu bemerken, daß Sandberger eine *Pupa aperta* von Steinheim beschrieben hat; allerdings an einer Stelle, die leicht zu übersehen ist; in einer Mitteilung an das Neue Jahrb. f. Min. usw.*).

Vergleicht man nun die Abbildungen und Beschreibungen Millers und Jooss mit Sandbergers Beschreibung, so ergibt sich ohne weiteres, daß es sich in beiden Fällen nicht um dieselbe Art handeln kann. Um das zu zeigen, lassen wir hier zunächst die Beschreibung Sandbergers folgen, die leider von keiner Abbildung begleitet ist:

„*Pupa aperta:* Sie ist $2^1/_4$ mm hoch bei $1^1/_4$ mm Breite und besteht aus $5^1/_2$ flach gewölbten Windungen, welche nur bei sehr starker Vergrößerung zarte Anwachsstreifen erkennen lassen. Die letzte Windung erreicht etwa $^1/_3$ der Gesamthöhe, ist deutlich genabelt und endigt in eine zahnlose, fast halbmondförmige Mündung, deren rechte Lippe innen etwas verdickt erscheint. Sie ist daher der *Pupa anodonta* A. Br. Ms. aus dem Hydrobienkalk von Wiesbaden sehr ähnlich, aber diese ist größer (Höhe 3, Breite $1^1/_5$ mm) und hat einen Umgang mehr, sie ist ebenfalls sehr fein gestreift.“

Schon die Größenangaben Sandbergers verglichen mit den gut übereinstimmenden Angaben Millers und Jooss (Höhe: 1,5 bezw. 1,3 mm; Breite 0,8 bezw. 0,7—0,75 mm) zeigen, daß die Sandbergersche Art ganz beträchtlich größer ist. Aber auch die übrige Beschreibung paßt keineswegs auf die Millersche Art, sondern eher auf eine Agardhia oder eine Pupilla. Die Sandbergersche Art ist völlig zahnlos, während die Millersche Art eine recht kräftige Bezahnung aufweist; die erstere hat einen etwas verdickten rechten Mundsaum, während er bei der anderen durch eine kräftige Furche nach innen eingedrückt ist.

Es kann demnach keinem Zweifel unterliegen, daß die beiden Formen artlich vollkommen verschieden sind

---

*) Sandberger; F; Bemerkungen über neue Landschnecken aus dem obermiocänen Kalk von Steinheim in Württemberg. N. Jahrb. f. Min. etc. 1895, I, p. 216.

und sogar verschiedenen Gattungen angehören. Die Millersche Art müßte somit einen neuen Namen erhalten, wenn es sich nicht um eine bereits bekannte Form handelte. Schon Jooss hat auf die nahen Beziehungen zu Vertigo (Alaea) angulifera hingewiesen. Faßt man nur die Stücke aus der Discoideus-Trochiformiszone der Sandgrube ins Auge, so könnte man im Zweifel darüber sein, ob man die Form völlig mit der V. (Alaea) angulifera vereinigen sollte, da sie immerhin einige konstante Unterschiede zeigt; allein die nunmehr zahlreich aus der Kleinizone vorliegenden Stücke haben hier jeden Zweifel beseitigt. Sie stimmen völlig mit der typischen *V. (Alaea) angulifera* aus den obermiocänen Landschneckenmergeln von Frankfurt überein (Taf. I, Fig. 36—37), sowohl was ihre Form als auch was ihre Bezahnung betrifft.

Vorkommen: Steinheim in der Kleinizone.

Außer in Frankfurt und Steinheim findet sich die Art auch in den obermiocänen Braunkohlentonen von Undorf bei Regensburg, wo sie Flach zuerst nachgewiesen hat (Verh. d. Phys.-Med. Ges. zu Würzb. N. F. XXIV, 1890, p. 57).

Auf ihre Beziehungen zu der lebenden linksgewundenen *V. (Vertilla) angustior* Jeffr. hat bereits Boettger aufmerksam gemacht. Die Tatsache, daß sie sich von einer rechts gewundenen Form ableitet, hat nach den Erfahrungen, die man bei anderen Vertiginiden machen kann, nichts so sehr befremdendes. Es braucht nur auf das Verhältnis der Pupilla rahti zu der mit ihr zusammen vorkommenden rechtsgewundenen *P. selecta suprema* hingewiesen zu werden, die ihr getreues Spiegelbild darstellt oder auf die oben erwähnten beiden Stücke der linksgewundenen *Vertigo (Alaea) callosa*. Auch ist es nicht ganz ausgeschlossen, daß *V. (Vertilla) pusilla* (Müller) auf eine konstant gewordene linksgewundene Form der Reihe der callosa zurückzuführen ist.

Was nun die Stücke aus der Discoideus-Trochiformiszone der Sandgrube betrifft, so stellen sie eine vom Typ. nicht unwesentlich abweichende Form dar, die es zweifellos verdient, als Var. abgetrennt zu werden.

Vertigo (Alaea) angulifera milleri n. var.

Taf. I. Fig. 38—39.

1912. *Vertigo (Alaea) aperta,* Jooss; Nachr. Bl. d. D. Malakozool. Ges. XLIV. p. 40, Taf. I, Fig. 7.

Diagn.: Unterscheidet sich vom Typ. durch die schlanke, zylindrische Form des Gehäuses, das bei gleicher Höhe bedeutend schmäler ist, die etwas glattere, feiner gestreifte Schale, etwas stärker gewölbte Umgänge und durch die mit dem Mundsaum verbundene rechte Parietale, welches Merkmal an Ptychochilus erinnert und bei den Formen der Kleinischichten nur ganz selten vorkommt.

H = 1,4—1,7 mm; D = 0,75 mm.

Vorkommen: Steinheim, in der Discoideus-Trochiformiszone der Sandgrube.

In den Kleinischichten ist diese Var. bisher nicht beobachtet worden; nur die eine Besonderheit, daß die rechte Parietale bis an den äußeren Rand des Mundsaumes sich vorzieht, trifft man — allerdings ganz vereinzelt — auch bei den Formen der Kleinischichten. Typ. und var. milleri scheinen sich gegenseitig auszuschließen.

Was Pupa aperta Sandberger selbst ist, muß vorläufig noch unaufgeklärt bleiben. Ein einziges Stück einer kleinen *Pupilla* oder *Agardhia* aus der Sandgrube, das mit keiner der beschriebenen Arten identifiziert werden kann, könnte vielleicht hierher gehören, ist aber leider zu schlecht erhalten, als daß sich Näheres feststellen ließe.

14. Vertigo (Alaea) protracta suevica n. var.

Taf. I. Fig. 40—41.

Diagn.: Unterscheidet sich vom Typ. durch die etwas bauchigere Form des Gehäuses, die etwas schwächere rechte Parietale und das gelegentliche Auftreten eines feinen, eben angedeuteten Basalzahnes.

Vorkommen: Steinheim, in der Kleinizone ziemlich häufig. Sehr selten in den oberen Discoideusschichten der Sandgrube.

Das Auftreten des schwachen Basalzähnchens

könnte die Vermutung aufkommen lassen, daß es sich um eine Gruppe der *V. ovatula* handele. Allein abgesehen von der bedeutenderen Größe sind die Unterschiede in der Bezahnung, besonders in der Stellung und Ausbildung der beiden Palatalen so groß, daß an eine Verwechslung beider, sofern sie in tadellos erhaltenen Stücken vorliegen, nicht zu denken ist. Die Steinheimer Form weicht nur verhältnismäßig wenig vom Hochheimer Typ. ab. Die Form gehört einem offenbar schon ziemlich frühe vom Hauptstamm der Callosagruppe abgezweigten Seitenast an, der inzwischen erloschen zu sein scheint.

Genus Strobilops, Pilsbry, 1892.

15. Strobilops (Strobilops) joossi (Gottschick).

1900. *Strobilus costatus,* Miller; l. c. p. 396, Taf. VII, Fig. 8.
1911. *Strobilus joossi Gottschick;* Jahresh. d. Ver. f. vaterl. Naturk. in Württemb. LXVII, p. 502, Taf. VII, Fig. 16.
1915. *Strobilops (Strobilops) joossi,* Wenz; N. Jahrb. f. Min. Geol. u. Pal. 1915 II. p. 80, Taf. IV, Fig. 14 a—c.

Vorkommen: Steinheim, in der Kleinizone ziemlich selten, in der Sandgrube sehr selten.

Diese Art gehört zur Gruppe der *Str. costata,* mit der sie sehr nahe verwandt ist. Ebenso bestehen enge Beziehungen zu den jüngeren *Str. tiarula, romani* und *labyrinthicula.*

16. Strobilops (Strobilops) subconoidea (Jooss).

1912. *Strobilus subconoideus,* Jooss; Nachr. Bl. d. D. Malakozool. Ges. p. 34, Taf. II, Fig. 4.
1915. *Strobilops (Strobilops) subconoidea,* Wenz; l. c. p. 81, Taf. IV, Fig. 3 a bis c.

Vorkommen: Steinheim, in der Sandgrube sehr selten.
Neben der Gruppe der *Str. costata* ist auch die der *Str. diptyx* durch die vorliegende Form vertreten.
Mit diesen 16 Arten, zu denen sich zahlreiche Va-

rietäten gesellen, ist die Zahl der Steinheimer Vertiginiden noch nicht erschöpft. Es liegen Anzeichen
vor, daß noch weitere Arten vorkommen; die un-
günstige Erhaltung zwingt indessen von der Beschreibung dieser Stücke Abstand zu nehmen und besseres
Material abzuwarten.

Erklärung zu Tafel I.

Fig. 1- 2. *Torquilla schübleri* (KLEIN). Sandgrube. Vergr. 3'/₃.
„ 3. *Torquilla schübleri grossecostata* GOTTSCHICK et WENZ.
Kleinischicht. Vergr. 3'/₃.
„ 4- 5. *Pupilla iratiana suevica* GOTTSCHICK et WENZ. Kleinischicht. Vergr. 10.
„ 6- 7. *Pupilla submuscorum* GOTTSCHICK et WENZ. Kleinischicht. Vergr. 10.
„ 8- 9. *Pupilla perlabiata* GOTTSCHICK et WENZ. Kleinischicht
Vergr. 10.
„ 10-11. *Pupilla steinheimensis* (MILLER). Sandgrube, Ob. Discoideuszone. Vergr. 10.
„ 12-13. *Negulus suturalis gracilis* GOTTSCHICK et WENZ. Vergr. 10.
„ 14-17. *Isthmia lentilii* (MILLER). Vergr. 10.
„ 18-19. *Leucochila acuminata procera* GOTTSCHICK et WENZ. Sandgrube, Ob. Discoideuszone. Vergr. 10.
„ 20-21. *Leucochila acuminata larteti* (DUPUY). Kleinischicht.
Vergr. 10.
„ 22-23. *Leucochila nouletiana* (DUPUY). Kleinischicht. Vergr. 10.
„ 24-25. *Leucochila suevica* (SANDBERGER). Sandgrube. Vergr. 10.
„ 26. *Vertigo (Alaea) callosa* (REUSS). 5-zähnige Form. Kleinischicht. Vergr. 10.
„ 27. *Vertigo (Alaea) callosa* (REUSS). Grosse 6-zähnige Form.
Kleinischicht. Vergr. 10.
„ 28. *Vertigo (Alaea) callosa* (REUSS). Kleine 6-zähnige Form.
Kleinischicht. Vergr. 10.
„ 29. *Vertigo (Alaea) callosa divergens* FLACH. Kleinischicht.
Vergr. 10.
„ 30. *Vertigo (Alaea) callosa cardiostoma* SANDBERGER. Kleinischicht. Vergr. 10.
„ 31. *Vertigo (Alaea) callosa diversidens* SANDBERGER. Kleinischicht. Vergr. 10
„ 32-33. *Vertigo (Alaea) callosa steinheimensis* GOTTSCHICK et
WENZ. Kleinischicht. Vergr. 10.
„ 34-35. *Vertigo (Alaea) callosa perarmata* GOTTSCHICK et WENZ.
Kleinischicht. Vergr. 10.
„ 36-37. *Vertigo (Alaea) angulifera* BOETTGER. Kleinischicht.
Vergr. 10.
„ 38-39. *Vertigo (Alaea) angulifera milleri* GOTTSCHICK et WENZ.
Ob. Discoideuszone. Vergr. 10.
„ 40-41. *Vertigo (Alaea) protracta suevica* GOTTSCHICK et WENZ.
Ob. Discoideuszone. Vergr. 10.

Zur Variabilität der Clausilia (Alinda) biplicata MONT.

Von

Dr. Günther Schmid, z. Z. Hann.-Münden.

Alinda biplicata MONT. erscheint in der Fauna von Münden im allgemeinen sehr vereinzelt (an feuchten Felsstellen des Buntsandsteins, an kleinen Mauern oder alten Gartenumzäumungen, in Gärtnereiabfällen oder im Kräuterich der Hecken) und tritt wohl nur an drei Orten kolonieweise auf: 1. an einer Gartenmauer am Kattenbühl, 2. an der „Rotunde", einem Bauwerk der ehemaligen Stadtmauer am Südausgang der Langenstraße, 3. an einer Steinsetzung längs eines Böschungsweges in einem Garten am Andreesberg. Die Standorte 1 und 2 liegen in gerader Linie etwa 500 m von einander entfernt, die Standorte 2 und 3 ungefähr doppelt so weit. 2 liegt zwischen den beiden andern. Diese drei Mündener Kolonien sind der Gegenstand meiner Studie.

Zur allgemeinen geographischen Lage ist zu sagen, daß Hannoversch-Münden bekanntlich am Zusammenfluß der Werra und Fulda in einem Talkreuz inmitten einer Buntsandsteinlandschaft liegt. Die Höhen — Reinhardtswald, Bramwald, Kaufungerwald —, welche bis zu 300 und 400 m über die Lage Mündens ansteigen und mächtig bewaldet sind, treten ringsum unmittelbar an die kleine Stadt heran. Einem Führer von Münden entnehme ich, daß Neunzehntel des Geländes der Umgegend mit Wald (meist Laubwald) bedeckt sind.

Im Sommer 1916, als ich Münden kennen lernte, fiel es mir auf, daß Standort 1 besonders kleine Formen der *Alinda biplicata* aufwies, d. h. besonders kleine Stücke unter solchen besaß, welche das Maß der Artdiagnose von 17 mm erreichten oder überschritten. Die kleinsten

Gehäuse waren 14 mm lang. Solche Stücke hatte Standort 2 nicht; denn hier übertrafen die meisten das Normalmaß um 1 mm, sogar um 2 und 3 mm Länge. Der Fundort am Andreesberg (Standort 3) dagegen führte wieder beachtlich kleine Formen; sie maßen 13½, 14 und 15 mm, nur einige 16 mm, und die regelrechte Größe wurde höchstens im oberen Grenzbereich der Variationsbreite dieses Standortes erreicht.

Nach den Angaben in der Literatur zu urteilen, kommen kleine Gehäuselängen von *Alinda biplicata* selten vor, sodaß von diesem Gesichtspunkt aus die Mündener Kolonien am Andreesberg und ·Kattenbühl beachtenswert erscheinen.

Es muß hierzu mitgeteilt werden, daß die 3 Standorte Mündens verschieden feucht sind und sich geradezu entsprechend den Gehäusegrößen nach dem Grade der Feuchtigkeit abstufen lassen. Standort 2 ist zweifellos der feuchteste, da er so ziemlich das ganze Jahr über feucht ist. Der alte, aus Sandsteinquadern gebaute Turm führt an einer Seite ständig einen senkrechten Wasserstreifen, der aus dem Innern hervorsickert. Für die dauernde Befeuchtung spricht auch, daß längs dieses Streifens Farne *(Polystichum Filix mas,* daneben *Epilobium Schreberi, Linaria Cymbalaria* u. s. w.) in den Mauerritzen sich angesiedelt haben. Diese Turmseite wird von hohen Bäumen benachbarter Gärten beschattet. Hier lebt *Alinda biplicata* in ansehnlicher Zahl. 1916 waren darunter 3 Tiere mit albinistischen Schalen. Begleittiere sind *Kuzmicia bidentata* Ström. und *Hyalinia nitens* Mich., beides bei Münden verbreitete Schnecken. — Anders der Standort 1. Auch hier ist eine Mauer (Sandstein) das Wohngebiet. Mit zwei Metern Höhe umschließt sie einen Garten, der selber in dieser Höhe über einem Weg liegt, als Stütze des Gartenerdreiches. Die Mauer bleibt von der Bestrahlung der Süd- und Westsonne verschont; einige Schritte vor ihr fließt ein kleier Bach. Aber die Mauer macht einen durchaus trockenen Eindruck und ist insofern garnicht mit der Rotunde vorgleichbar. Nur des Nachts und in der Frühe oder nach Regenfällen wird sie feucht. Die Schnecken leben für gewöhnlich zusammen mit *Arianta arbustorum* L. und einzelnen *Limax arborum* Bouch. in der Kräutervegetation am Fuße der Mauer. Hier kriechen sie umher. Andere sitzen regungslos an der trockenen Mauerfläche, unter trockenen Moosen oder im Schutze der in den Ritzen gedeihenden *Geranium Robertianum,* *Chelidonium majus* u. s. w. Bei Regenwetter schwärmen die Tiere über die ganze Mauer aus. Bei solcher Gelegenheit, ist es denn leicht, in wenigen Minuten eine Probe von einigen hundert Stücken der Kolonie zu entnehmen. Auch hier waren 1916 und 1918 Albinos zu finden. Mitteilenswert ist noch, daß ich unter etwa 400 Gehäusen ein rechtsgerundenes herausgelesen habe. — Standort 3 ist, wie schon oben berührt, eine Steinsetzung aus Sandsteinkonglomerat an der rasigen Böschung eines Gartens. Der Platz ist trocken und der prallen Südsonne ausgesetzt. Zwischen den Steinen wächst u. a. *Sedum maximum.* Auch die Schlupfwinkel scheinen mir nicht besonders feucht zu sein. Dennoch ist der Ort nicht arm an Schnecken. Neben *Alinda biplicata* kommen vereinzelt *Helix pomatia* L., *Cepaea nemoralis* L., *Cionella lubrica* Müll., *Hyalinia nitens* Mich. und *cellaria* Müll. und *Succinea oblonga* Drap. vor.

Ist hiernach die verschiedene Gehäuse l ä n g e der beschriebenen drei Standorte einfach als Reaktion auf die Wirkung der jeweiligen Umgebung zu begreifen, so bleibt eine zweite Tatsache zu besprechen, welche nicht, ohne weiteres verständlich ist: die Verschiedenheit der Gehäuse f o r m.

Die Stücke von der Rotunde haben die typische Gestalt der Art. Man muß sie aber als „schlank" bezeichnen gegenüber den meisten Gehäusen vom Andreesberg und vielen vom Kattenbühl. Diese haben auffällig bauchige Gehäuse. Die Bauchigkeit kommt so zustande, daß die ersten Windungen länger als gewöhnlich gleichmäßig schmal bleiben, dann umso stärker in die Breite schwellen. Bei den schlanken Formen nimmt die Breite von der Spitze nach unten mehr allmählich zu. Aber auch der absolute Breitenmesser ist in Wirklichkeit geringer. In diesem Sinne werde ich im Folgenden stets „schlanke" und „bauchige" Gestalten auseinanderhalten.

Man möchte auch die Verschiedenheit in der Gehäuseform aus der Beschaffenheit der Wohnplätze ableiten. Die bauchigen Gehäuse könnten wohl nicht erbliche Lebenslagevariationen aus der fließenden Variationsbreite von *Alinda biplicata* sein; und die trockenen Standorte wären als besonders wirkungsvolle Lebenslagen anzusehen, die hier äußerste Formen hervorgerufen hätten. Schlanke Gehäuse entsprächen der feuchten, bauchige der trockenen Umgebung. Wenn diese Erklärung bei näherer Betrachtung nicht auf Schwierigkeiten stoßen würde.

. Da mir vom Kattenbühl (Standort 1) die meisten Stücke zur Verfügung standen, unterzog ich diese zuerst einer Untersuchung. Ich maß sämtliche mir gerade vorliegenden Gehäuse, um zu erfahren, wie denn die verschiedenen Größen nach ihrer Häufigkeit vorhanden sind. Mit einem verschiebbaren Millimetermaß bestimmte ich bei möglichst senkrechter Stellung der Gehäusespindel den Abstand zwischen Gehäusespitze und dem untersten Rand des Mundsaumes. Hierbei waren die ganzen Millimeter leicht abzulesen; die Zwischengrößen aber unterlagen der Schätzung, welche, zumal bei

einigermaßen schnellem Messen, sehr wechselnd aus-
fallen mußte. Die Zwischengrößen rundete ich — nach
oben oder unten — auf halbe Millimeter ab. So ergaben
sich bei zweimaligem Durchmessen der Gehäuselängen
folgende Reihen der Häufigkeit. Es maßen — bei der
2. Messung hatte ich 2 Stücke wegen Unzulänglichkeit
ausgeschieden —:

	1. Messung	2. Messung
13'/₂ mm	1 Stück	1 Stück
14 „	2 „	2 „
14'/₂ „	17 „	11 „
15 „	57	32 „
15'/₂ „	63	67 „
16 „	72 „	79 „
16'/₂ „	76 „	79 „
17 „	54 „	52 „
17¹/₂ „	23 „	33 „
18 „	13	19 „
18'/₂ „	4 „	5 „
19 „	2 „	2 „
zusammen	**384 Stück**	**382 Stück**

Man sieht, in welchen Grenzen die Fehler bei den
Messungen sich halten. Hierzu mag noch bemerkt
werden, daß in Wirklichkeit auf die ganzen zu Gunsten
der halben Millimeter wohl eine geringere Anzahl ent-
fallen dürfte, als dies bei obigen Zahlen zutrifft. Es ist
klar, daß man bei einem Maßstabe, der nur in ganze
Millimeter gestrichelt ist, kleinere Teile als ein Millimeter öfter auf die angezeichneten ganzen als auf die
erst abzuschätzenden halben Millimeter abrundet. Daher
ist es zum Betrachten obiger Zahlenreihen angebracht,
die Einzelmessungen in Klassen von ganzen Millimetern
zusammenzufassen. Dies entspricht auch dem üblichen
Verfahren der Biometrik. Wir erhalten dann:

14 mm	3 Stück	3 Stück
15 „	74 „	43 „
16 „	135	146 „
17 „	130	131 „
18 „	36 „	52 „
19 „	6 „	7 „
zusammen	**384 Stück**	**382 Stück**

Diese Zahlenreihen steigen von 14 mm bis 16 mm
an, um dann in ähnlicher Folge bis 19 mm abzufallen.
Der Mittelwert liegt, bei der Ähnlichkeit der Häufig-
keitszahlen für 16 und 17 mm, entschieden zwischen
diesen beiden Größen, was auch der Durchschnitts-
berechnung entspricht. Denn der wirkliche Mittelwert
ist zwischen 16,1 und 16,3 mm zu setzen. In graphischer
Darstellung erhalten wir ein sogenanntes Variations-
polygon wie es mit geringen quantitativen Abweichungen (da aus einer weiteren, 3. Messung errechnet
und aufgestellt) in der Figur 1 die Abscisse zusammen

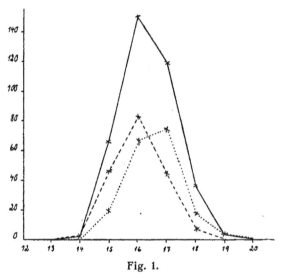

Fig. 1.

mit der großen ununterbrochenen Kurve uns veran-
schaulicht. Diese Linie gibt eine Erläuterung und in
der Gehäuselänge von *Alinda biplicata* einen neuen Be-
leg zu dem vielfach belegten Quetelet - Galton'schen
Variationsgesetz: Die Variationsgrößen sind in ihrer
Häufigkeit um eine Mittellage der Häufigkeit verstreut.
Das Maß der zahlenmäßigen Verteilung entspricht
der Zahlenreihe, welche durch Auflösung des Binoms
$(a+b)^n$ entsteht[*]).

[*]) Genaueres über diese Dinge vergl. in den einschlägigen
Kapiteln der Lehrbücher der Vererbungslehre, z B. Baur, Ein-

Nun hat man aus einer **Variationsreihe, wie sie**
hier also auch für *Alinda biplicata* vorliegt, die in der
Figur ebenmäßig graphisch und eingipflig sich gestaltet, früher vielfach schließen wollen, daß dies der
Ausdruck eines systematisch einheitlichen Tier- bezw.
Pflanzenvolkes (Population) sein müsse. Mischungen
verschiedener Arten oder Varietäten, überhaupt erblich
verschiedener Rassen, Sippen, Typen (Genotypen, wie
die Vererbungsforschung heute sagt) hätten Kurven
mit zwei oder mehreren Gipfeln zur Folge. So
ist z. B. die obere Kurve in Figur 2 der Ausdruck eines

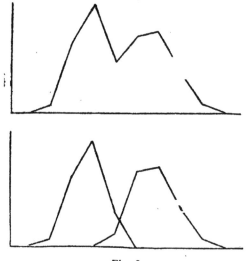

Fig. 2.

natürlichen Gemisches von je 66 wahllos aufgelesenen
Stücken der Arten *Cepaea hortensis* Müll. und *Cepaea*
nemoralis L. vom Standorte Kaulsdorf bei Saalfeld in
bezug auf die Gehäuselänge. Die Kurve hat 2 Gipfel
und deutet auf das Vorhandensein zweier Tiervölker
hin. In derselben Figur, unten, ist sie in die beiden
eingipfligen Kurven aufgelöst, die den beiden Arten

führung in die experimentelle Vererbungslehre, Berlin 1911;
Johannsen, Elemente der exakten Erblichkeitslehre, Jena 1909;
Goldschmidt, Einführung in die Vererbungswissenschaft, 2. Aufl.,
Berlin 1913.

zukommen. Die Kurven greifen ineinander über, und daher erzeugen sie im Gemisch den zweimal gegipfelten Linienzug.

Nach unserer heutigen Kenntnis ist es aber so, daß auch eingipflige Kurven durchaus nicht für eine einheitliche Population bürgen, ja ebensowenig wie mehrgipflige für gemischte Völker. Mehrgipflige Kurven werden zwar am ehesten zu einer Prüfung der näheren Verhältnisse verleiten; und in den meisten Fällen werden sie dann gemischte erbliche Typen wirklich aufzeigen. Daß uns aber eine biostatistische Untersuchung auch für regelmäßige eingipflige Linien unter Umständen Aufschluß geben und den Systematiker belehren kann, zeigt uns der Fall der Mündener *Alinda biplicata.*

Wäre der Standort Kattenbühl systematisch einheitlich bevölkert, wie dies die Variationskurve glauben machen könnte, dann hätten wir bauchige und schlanke Formen, die hier gemischt und durchaus mit allen Uebergängen auftreten, nur als mehr oder weniger starke Plus- und Minusabweicher auf der gleichen erblichen Grundlage anzusehen. Es wäre reizvoll gewesen, auch die Gehäusebreite variationsstatistisch aufzunehmen; doch die Abstufungen dieses Merkmals bei den verschiedenen Stücken durch Messung zu fassen, macht große Schwierigkeiten. Ich schlug einen anderen Weg ein. Ich sonderte nämlich nach dem Augenschein die Gehäuse, welche mir bauchig vorkamen von denjenigen, die ich dagegen als schlank bezeichnen mußte. Ich verfuhr in der Art, daß ich aus den gesammelten Gehäusen zuerst die äußerst bauchigen und äußerst schlanken Formen heraussuchte, die nachgebliebenen Stücke in gleicher Weise auslas und so weiter aussonderte, bis die Teilung geschehen war. Ich muß gestehen, daß es in einer großen Reihe von zweifelhaften Fällen nicht immer leicht war, sich für die Klasse „schlank" oder „bauchig" zu entscheiden. Dennoch ist das Verfahren nicht schlechthin als subjektiv zu bezeichnen. Meine Frau, der ich dieselben Gehäuse zur Auslese vorlegte, trennte die beiden Formen mit demselben Ergebnis, kleine Abweichungen nicht mitgerechnet. Ich selbst fand aus der Population von 382 Stücken 193 bauchige und 189 ischlanke heraus, meine Frau aus der um 3 verminderten Anzahl 185 bauchige und 194 schlanke Formen. Man kann also wohl sagen, daß von beiden Gestaltungen gleich viel Stücke vorlagen. Ich maß dann die Gehäuse wie früher nach ihrer Länge, aber in den beiden Klassen getrennt, und trug die Zahlen der verschiedenen Häufigkeiten in eine Tabelle übersichtlich ein. Um sicher zu sein, daß ich nicht, das vorgeahnte Ergebnis im Sinn, mich in der Zuweisung der nicht vollen Millimeterwerte beeinflußte, ließ ich auch diese Messungen von meiner Frau nachprüfen. Sie wußte von der Absicht meiner Untersuchung nichts, kannte auch nicht die Gesetzmäßigkeit der Galtonschen Variation. Folgende Uebersicht lehrt das Ergebnis.

1. Länge der Gehäuse in mm	2. Anzahl der bauchigen Stücke	3. Anzahl der schlanken Stücke	4 Summe der Stücke	5. Häufigkeit der bauchigen Formen in %
14	2	—	2	100
14^1/$_2$	10	1	11	91
15	36	19	55	65
15^1/$_2$	33	22	55	60
16	51	45	96	53
16^1/$_2$	14	30	44	32
17	31	45	76	41
17^1/$_2$	4	12	16	25
18	4	16	20	20
18^1/$_2$	—	2	2	0
19	—	2	2	0
Summe	185	194	379	

In der fünften Längsspalte ist die Häufigkeit der bauchigen Formen bei der jeweiligen Gehäuselänge in Prozenten ausgerechnet. Diese Zahlen fallen gesetzmäßig von oben nach unten ab, von 100% auf 0%. Nur bei 16½ bis 17 mm ist eine Schwankung zu bemerken. Sie beruht offenbar auf einem Fehler meines Ausleseverfahrens. Denn Gehäuse von dieser Größe, wie auch schon von 16 mm, bieten die meisten zweifelhaften Fälle von bauchiger bezw. schlanker Gestalt. Wie dem auch sei, man kann sich kaum ein besseres Bild einer korrelativen Beziehung denken. Es besteht eine Korrelation zwischen Gehäuselänge und Gehäuseform. Je kürzer die Gehäuse werden, desto häufiger tritt Bauchigkeit auf. Dies ist sehr bemerkenswert.

Es ist klar, daß das korrelative Verhältnis hier zunächst rein statistisch ausgedrückt wird. Ob auch organisch-physiologische Korrelation vorliegt, so etwa, daß, wenn ich kleine Gehäuse durch äußere Bedingungen erzeugte, diese notwendig bauchig sich gestalteten, darüber sagt die Zahlenreihe in der fünften Spalte nichts aus.

Wie werden die Dinge liegen, wenn wir die bauchigen und schlanken Formen nach den Zahlen in den Spalten 2 und 3 auf ihre Längenvariabilität untersuchen? Die entschieden einwandfreie Vorstellung soll uns dabei leiten, daß bei einer Population mit der in Figur 1 wiedergegebenen Galtonkurve jede wahllos herausgegriffene, größere Anzahl Gehäuse hinsichtlich ihrer Längenverhältnisse, obschon in anderen Maßen, doch im ganzen dieselbe Kurve wie dort notwendig ergeben muß. Die Lage der jeweils äußersten, stets in geringster Zahl vorhandenen Abweicher wird bei solchen Auslesen schwanken, unveränderlich und für alle Auslesen gemeinsam dagegen bleibt der Gipfel. Nun sind die in den Spalten 2 und 3 aufgeführten Stücke hinsichtlich ihrer Größen ja auch wahllos herausgegriffene Gehäuse. Ihre Mittellagen bezw. Kurvengipfel müßten also zusammenfallen. Sie tun es in diesem Falle tatsächlich nicht.

Stellt man wieder die halben zu den ganzen Millimeterlängen, indem man nach oben abrundet (jede andere Klasseneinteilung ist natürlich auch am Platze), erhält man in obiger Spalte 2 und 3 eine Aufeinanderfolge wie diese:

		bauchige:		schmale:	
14 mm		2	Stück	0	Stück
15	„	46	„	20	„
16	„	84		67	
17	„	45	,	75	
18	„	8	,	28	
19	„	0	„	4	„

Graphisch sind die Verhältnisse in den beiden gestrichelten Kurven der Figur 1 darstellt. Die linke Kurve hat den Gipfel bei 16, die rechte bei 17 mm! Die errechneten Mittelwerte liegen für bauchig bei 15,89, für schlank bei 16,46 mm; das macht einen Unterschied von 0,57 mm, also rund $\frac{1}{2}$ mm. Die Kurven haben abweichende Gestalt, was vermutlich auf Meßfehlern beruht, worauf wir also keinen Wert legen dürfen. Sie durchschneiden sich nahe ihrer Gipfel und greifen weit ineinander über (transgredieren). Die Hauptkurve derselben Figur, die wir bereits besprachen und die das Bild der Gesamtpopulation vorstellt, ist die Summe aus den beiden kleineren Kurven. Das aber bedeutet, daß die Population nicht einheitlich sein kann, und aus 2 verschiedenmerkmaligen Gruppen von Tieren besteht.

Was besagt dies? In der Beurteilung biometischer Ergebnisse heißt es vorsichtig sein. Entweder, bau-

chige und schlanke Formen mit ihrem Streuungs-
bereich sind nichterbliche Modifikationen, oder sie gehören Varietäten erblicher Natur bezw. jüngst ent-
standenen Mutationen an. Hierüber wäre folgendes
zu sagen:

Die beiden Ausbildungen mit ihren korrelativen
Größenverhältnissen könnten n i c h t e r b l i c h e Lebenslagevariationen sein, die auf gleicher Grundlage
um eine Mittellage schwanken. Da der Standort einheitlich beschaffen ist, zumal in seiner geringen Ausdehnung, kämen wohl die verschiedenen Jahre mit
ihren verschiedenen Feuchtigkeits- und Wärmebeding-
ungen in Frage. Vorliegende Stücke der *Alinda bi-*
plicata wären dann nicht gleichaltrig. Schlanke Gehäuse stammten etwa aus einem feuchten, bauchige
aus einem trockenen Jahr. Oder man müßte annehmen,
daß, während ein Teil der Tiere sich typisch entwickeln
konnte, der andere Teil gleichzeitig infolge zufällig
geringeren örtlichen Schutzes durch vorübergehende
Witterungsschläge (etwa übermäßige Wärme, Frost
und dergl.) nachhaltig für die gesamte Dauer ihres
Schalenzuwachses beeinflußt worden sei. Solche Ein-
wirkung müßte dann sehr junge Tiere oder Eier be-
troffen haben, da sich der Charakter der Schale schon
zeitig ausprägt. So käme ein Dimorphismus zustande.
Der wäre aber auch möglich, wenn *Alinda biplicata*
das Reaktionsvermögen besäße, auf eine gleichmäßige
Folge äußerer Bedingungen mit diskontinuierlicher Variationsreihe zu entworten, in diesem Falle mit einer
Variationsreihe — vergleiche die Kurven —, welche
einer kontinuierlichen sehr ähnlich sähe.
Als e r b l i c h e Varietät könnte die bauchige Form
eine Lokalform vorstellen, die trockenen Standort be-
vorzugt und hier irgendwann einmal entstanden ist,

wenn man sie nicht historisch als Rest einer früher
weiter verbreiteten Spielart betrachten will. Auf eine
andere Möglichkeit komme ich später zu sprechen.

Schließlich die bauchigen Stücke der *Alinda biplicata* als Angehörige einer M u t a t i o n. Die Wohnplätze Kattenbühl und Andreesberg sind nicht regel-
recht feucht zu nennen, der vom Andreesberg ist sogar
ausgesprochen trocken. Sollten etwa die Populationen
hier noch junge Siedelungen sein, wäre ja unter den
abnormen Bedingungen eine ständige Abspaltung von
bauchigen Formen, die erblich sich weiter erhalten
und somit Mutationen zu nennen sind, nicht unmöglich.

Was von diesen Möglichkeiten wirklich zutreffend
ist, läßt sich mit Bestimmtheit nicht sagen. Nur Ver-
erbungsversuche, die ja leider in der Malakozoologie
zur Beurteilung systematischer Fragen noch fast gar
nicht herangezogen worden sind, könnten Aufschluß
geben. Gleichviel veranlaßt uns die Analyse des
Standorts Kattenbühl, die anderen Mündener Kolonien
und überhaupt andere deutsche Standorte in den Bereich einer Betrachtung zu ziehen; und schließlich
möchten wir uns denn doch nicht einer vorläufigen
Erklärung verschließen.

Der Wohnplatz am Andreesberg bot nur wenige
Stücke. Er ist also bei weitem schwächer besiedelt.
Schon eingangs ist gesagt worden, daß die Gehäuse
klein sind. Sie verteilen sich (30 Stücke) wie folgt:

```
13¹/₂ mm     0 Stück)
14     „      6   „  ) = 6
14¹/₂  „      5   „  )
15     „     11   „  ) =16
15¹/₂  „      5   „  )
16     „      2   „  ) = 7
16¹/₂  „      1   „  )
17     „      0   „  ) = 1
        zusammen 30 Stück
```

Das gibt — unter Berücksichtigung ganzer Millimeter — eine Kurve, wie sie in Figur 3 unter I ab-

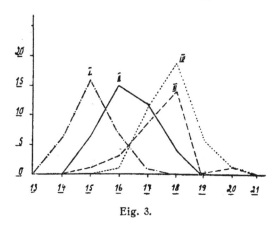

Eig. 3.

gebildet ist. Der errechnete Mittelwert ist 14,9 mm.
Die auf die gleiche Anzahl verminderte Kurve für
den Standort Kattenbühl ist in das gleiche Koordinaten-
system bei II eingezeichnet worden.

Anders die Population am runden Turm, die bei
III bildlich zur Darstellung kommt. Hier lagen die
Werte zugrunde:

14¹/₂ mm	0 Stück	= 1
15 „	1 „	
15¹/₂ „	0 „	= 3
16 „	3 „	
16¹/₂ „	2 „	= 9
17 „	7 „	
17¹/₂ „	8 „	= 14
18 „	6 „	
18¹/₂ „	0 „	= 0
19 „	0 „	
19¹/₂ „	1 „	= 1
20 „	0 „	

zusammen 28 Stück

Der durch Rechnung gefundene Mittelwert ist hier
17,2 mm. Die Kurven I bis III greifen stark ineinander
über. Zu weiterem Vergleich ist bei IV noch diejenige
für eine Thüringer Fundstelle (Mühltal bei Jena; wal-

diges Muschelkalktal; April 1915 gesammelt) gegeben, deren Mittelwert bei 17,7 mm liegt.

Um noch weitere Maße anzugeben nenne ich aus der ferneren Umgebung Mündens noch Burg Hanstein a. d. Werra (trockener Burggraben auf einem unbewaldeten Buntsandsteingipfel; 1916 gesammelt), ein Standort, der sich mit dem Mittelwert 15,8 mm dem vom Kattenbühl ausschließt; ferner den Brackenberg (Fuß des Berges, im Mulm feuchter Baumstümpfe eines trockenen Waldabhanges; Unterlage Muschelkalk; Mai 1918 gesammelt) mit 16,0 mm, und das waldige, feuchte Bremkertal bei Göttingen (Buntsandstein, Juni 1916 gesammelt) mit 16,2 mm. Anschließend führe ich noch einen Standort auf dem Muschelkalk von Kösen a. d. Saale (1916 gesammelt) an, von dem ich Stücke gerade zur Hand habe. Der Mittelwert ist hier 17,6 mm. Um die Werte zum Vergleich noch einmal zusammenzustellen, sie reihen sich folgendermaßen:

1. Andreesberg (Münden) 14,9 mm
2. Burg Hanstein 15,8 „
3. Brackenberg 16,0 „
4. Bremkertal 16,2 „
5. Kattenbühl (Münden) 16,2 „
6. Rotunde (Münden) 17,2 „
7. Kösen 17,6 „
8. Jena 17,7 „

Kleine bauchige Formen treten nun in mehr oder minder großer Zahl in den Kolonien der Standorte 1—5 auf. Standort 4, ein waldiges, feuchtes Tal, zeigt sie am wenigsten. Angesichts dieser großen Verbreitung kann man die Plätze am Kattenbühl und Andreesberg nicht als Träger jung gebildeter Mutationen ansehen.

Betrachten wir die bauchige Form hingegen als Lebenslagevariation ohne Erblichkeit und ziehen den Ausfall der Gehäuse aus verschiedenen Jahren heran, muß es bemerkenswert erscheinen, daß auch in diesem Jahre

(1918) die Verhältnisse am Kattenbühl und Andreesberg gar nicht anders liegen. (1917 hatte ich keine
Gelegenheit zur Beobachtung.) Dieselben Mittelwerte
und Kurven ergeben sich. Stecken in den ausgewachsenen Tieren von 1918 noch reichlich Tiere aus
früheren Generationen? Wir können die fertigen Gehäuse nicht nach den Jahrgängen trennen. Es bleibt
uns aber der Weg, unausgebildete Gehäuse, die auf
gleicher Wachstumstufe stehen, miteinander zu vergleichen. Gibt es da auch solche mit bauchiger und
solche mit schlanker Form? Dies ist der Fall. Ende
Juni dieses Jahres nahm ich u. a. 4 nahezu ausgewachsene Stücke auf, die gerade schon den scharfen,
noch nicht gesäumten Umriß der Mündung angelegt
hatten. 2 davon mußte ich als schlank bezeichnen,
2 als entschieden bauchig. 4 andere Stücke mit eben
fertigem, zarten Mundsaum wiesen 1 stark bauchige
Form auf. Völlig unausgebildete Gehäuse sind schwer
zu beurteilen. Immerhin waren unter 7 Tieren von
11—15 mm Schalenlänge 3 bauchige bestimmt zu
unterscheiden.

In derselben Generation treten die
beiden Formen auf. Die Tatsache bleibt auch
zu erörtern, daß kleine unausgewachsene Stücke nicht
unbedingt bauchig zu sein brauchen. In obiger Korre-
lationstabelle vergleiche man z. B. die wagerechte
Spalte bei der Länge 15 mm, wo unter 55 Gehäusen
allein 19 nicht bauchig sind. Das alles bringt uns die
Wahrscheinlichkeit nahe, in den bauchigen und schlanken Formen erbliche Gestalten zu sehen.

Ich glaube aber nicht Varietäten von begrenzter Verbreitung annehmen zu dürfen. Eine andere Auffassung
will mir verständlicher scheinen. Einmal auf den Unterschied zwischen mehr oder weniger bauchigen und

mehr oder weniger schlanken Ausprägungen aufmerksam geworden und auf die Tatsache hingelenkt, daß diese Formen in Korrelation zu den Gehäuselängen stehen, wobei die Kurven der Gehäuselängen eng benachbart sind und damit auch die Gestaltungen selber in ihrer Variabilität nahegerückt sein müssen, mustert man auch Standorte mit den gewohnten, regelrechten Gehäusen von *Alinda biplicata* mit anderem Blick durch.

Es gibt überall die beiden Formen. Unter den großen Jenaer Stücken erkenne ich unter 37 mindestens 10 bauchige, unter denen von Kösen etwa 30%. Es ist natürlich schwer, hier ein objektives Maß zu finden. Vergleichende Messungen sind undurchführbar. Die im Bremkertal bei Göttingen gesammelten Stücke scheinen alle schlank zu sein; hingegen hat Burg Hanstein wohl 40%, die Rotunde in Münden ungefähr 10—20%. Es braucht wohl kaum gesagt zu werden, daß hier (außer allerdings bei der Burg Hanstein) bei allen Stücken die Unterschiede bei weitem geringer als bei meinen vorbildlichen Standorten Kattenbühl und Andreesberg sind.

Was liegt näher als in den Formen „bauchig" und „schlank" Elementararten der Spezies *Alinda biplicata* Mont. zu sehen. Oder liegen vielleicht in den Stücken der Standorte eine ganze Reihe von Elementararten verborgen, die sich in Gehäuselänge und Schalengestaltung unterscheiden, sich fortlaufend mit ihren Variationsschwankungen gegenseitig überschneiden, Elementararten, die nur der plumpen Betrachtung in zwei Hauptgruppen mit den Merkmalen bauchig-kurz und schlank-lang gesondert erscheinen? In der Tat will mir das Letztere einleuchten. Die verschiedenen Elementararten hätten unter

dieser Annahme ein verschiedenes Reaktionsvermögen. Während Trockenheit beide
Gehäuseausprägungen verkürzt, gestaltet sie die
bauchigen Formen zugleich bauchiger, ohne die
schlanke zu verändern. So brächte denn die Lebens-
lage die Elementararten gelegentlich zu stärkerem
Auseinanderweichen, und erst jetzt würden sie als
solche sichtbar und dem Beobachter augenscheinlich.

Es lag nahe, die beiden Formen „bauchig" und
„schlank" den bereits systematisch beschriebenen Ab-
änderungen der Art unterzuordnen oder anzugliedern.
Der schlanke Typ entspräche wohl der normalen, für
die Art selber gültigen Gestaltung. Ginge man nach
Westerlund, Fauna der in der paläarktischen Region
lebenden Binnenconchylien, IV. Bd., 1884, so wäre
die bauchige Form in den auffällig kleinen Stücken,
wie sie etwa der Garten am Andreesberg oder die
Mauer am Kattenbühl führt, in die Nachbarschaft von
var. sordida (Z.) A. S. zu setzen. Die Diagnose heißt
dort (S. 39) nämlich: „gelblich, hornfarben, bauchig,
Gewinde fein ausgezogen, Umgänge 10—11, Mün-
dungsbucht groß, gerundet, Länge 12—13 mm, Breite
3 mm." Sieht man indes A. Schmidt's eigene Angabe
für *var. sordida* durch, so erfährt man, daß die Bestimmung nicht richtig sein kann und Westerlund willkürlich mit Schmidt's Charakteristik verfahren hat.
Adolf Schmidt (System der europ. Clausilien, Cassel
1868, S. 146) selber sagt von seiner Varietät weiter
nichts, als daß sie „ganz der Typus im Kleinen" sei.
Unter dem Typus dürften aber wohl weniger die in
meinem Sinne baucnigen Stücke unter den Formen
der gewöhnlichen Fundorte verstanden sein. Dem
stimmt auch Herr D. Geyer zu, welchem ich eine
Probe vom **Andreesberg** zur Begutachtung übersandt

hatte, wenn er sagt, daß die Mündener Clausilien mit
der *var. sordida* nichts zu tun haben[2]). Herr Geyer
war so liebenswürdig, mir zum Vergleich Proben kurz-
häusiger Stücke von verschiedenen Standorten zu über-
mitteln. Danach stimmen die Mündener bauchigen
Formen gut mit solchen von den Kalkfelsen bei Inns-
bruck und von der Ruine Hirschhorn am Neckar überein. Man könnte sie in den Sammlungskästen gegenseitig vertauschen. Die Innsbrucker Stücke haben wie
diejenigen von Hirscnhorn einen Mittelwert von etwa
15,3 mm (Andreesberg = 15,5 mm); alle sind
bauchig, und selbst in der schwachen Rippung gleichen
sie den Mündenern vollkommen, so daß man hier eine
Alinda biplicata von gleichem systematischem Werte
annehmen muß. Anschließen sich mit dem Mittelwerte
von etwa 15 mm Länge Stücke von der Mauer der
Hohensalzburg in Salzburg. Der Standort der Ruine
Allerheiligenbad (Schwarzwald) besitzt Uebergänge
zum schlanken Typus oder stellt gar den „Typus im
Kleinen" dar (Mittelwert 13,6 mm). Seine Population
dürfte nach obigen Darlegungen aus einer durch die
trockene Oertlichkeit verkürzten schlanken Elementar-
art zusammengesetzt sein. Ebenso auch die ausgesprochen schlanken Stücke, die mir von der Ruine
Hammerstein bei Neuwied vorliegen. Die schlanke,
sehr schwach gerippte, fast seidig glänzende Form
von der Ruine Greifenstein a. D. scheint mir eine besondere systematische Stellung zu beanspruchen. Die
Reihe endet mit Stücken, welche Clessin gesammelt
hat[3]), und deren Kenntnis ich ebenfalls Herrn Geyer
verdanke, aus Zarkovo mit durchschnittlich 14,4 mm
Gehäuselänge und von den Jurakalkfelsen bei Regensburg, die um den Mittelwert 14,0 mm schwanken.

---

[2]) Herrn Geyer spreche ich auch an dieser Stelle meinen
besten Dank für seine freundliche Mithilfe aus.
[3]) aus der Königl. Naturaliensammlung in Stuttgart.

Welche Gehäuse sind hiernach zur *var. sordida*
(Z.) A. S. zu (rechnen? Uebersichtlich zusammengestellt
bietet sich folgende Aufstellung dar:

Standort	Mittelläuge	Gestalt	Rippung	Gruppe
1. Andreesberg . .	15,5 mm	bauchig	im allge-	
2. Innsbruck . . .	15,3 „	„	meinen	I
3. Hirschhorn . . .	15,3 „	„	schwach	
4. Salzburg	15,0 „	„	gerippt	
5. Allerheiligenbad .	13,6 mm	weniger bauchig	wie oben	II
6. Hammerstein . .	14,6 mm	schlank	stark	
7. Zarkovo	14,4 „	„	gerippt	III
8. Regensburg . .	14,0 „	„		
9. Greifenstein . .	14,3 mm	schlank	sehr schwach gerippt	IV

Ohne Mühe lassen sich mehrere Gruppen unterscheiden. I bis IV heißen sie oben. Der „Typus im
Kleinen" äußert sich entschieden bei der III. Gruppe,
auch hinsichtlich der Rippung. Wenn man einen Namen geben will, müßte man ihr allein den Namen
der *var. sordida* zubilligen. Gruppe II stellt einen
Uebergang dar. Die Regensburger Form hat Clessin
bekanntlich besonders als *var. Forsteriana* Cless. gekennzeichnet. (Seine Maßangabe (Länge 13 mm) in
der Deutschen Excursions-Mollusken-Fauna, 2. Aufl.,
Stuttg. 1884, S. 290, kann ich nicht bestätigen.) Kleine
bauchige Gehäuse, die lediglich deshalb vom Typus
abweichen, weil mit der Verkürzung der Spindel korre-
lativ Zunnahme des Breitenmaßes erfolgt, gehören jedenfalls nicht zur *var. sordida*. Insofern ist die Charakteristik Clessins (a. a. O.): „eine etwas kleinere,
schlankere Form" für var. sordida berechtigt. Sie kann
aber irreführen, da im Verhältnis zur Längenabnahme
der typischen Form gegenüber die Varietät ja keineswegs schlanker ist. Alle genannten Standorte sind ver-

hältnismäßig trockene Wohnplätze (ob allerdings auch
Zarkovo, ist mir nicht bekannt). Es kann kein Zweifel
bestehen, daß die Trockenheit kurze Gehäuse herausbildet.
Andererseits befestigt sich mir gerade aus den
vorliegenden Gehäusen die Vorstellung, daß verschiedene erbliche Gestaltungen, die schon in den Formen
der gewöhnlichen Wohnorte gar nicht und vielfach
ineinandergreifend auftreten und sich insofern dem
Auge des Forschers verstecken, erst durch die Trockenheit vermöge der verschiedenen Reaktionsweise dieser
Formen herausgeprägt und auf solche Art auch dem
Beobachter aufgedeckt werden. Der Gedanke an die
Möglichkeit einer großen Reihe elementarer Arten bei
Alinda biplicata Mont. drängt sich vor. Ausgeschlossen
sind natürlich auch nicht typische Trockenheitsvarie-
täten, die nur an Burgenmauern und Felswänden bestehen können, und deren Variabilität in den Bereich
der normalen, größeren Formen nicht hinüberreicht.
Hier liegt ein weites Feld lohnender Unternehmungen
vor uns.

Die Unterscheidungsmerkmale zwischen Clausilia biplicata und cana.

Von
Dr. Hans Gudden, München.

Als wesentlichstes Unterscheidungsmerkmal zwischen *Cl. biplicata* und *Cl. cana* wird abgesehen von
der Verschiedenheit des Clausiliums angegeben, daß
bei Cl. cana die Unterlamelle hell- bis rötlichbraun
oder fleischrot gefärbt ist. Wenn auch dies die Regel
ist, trifft man doch ziemlich häufig lebende Cl. canae,
bei denen die Unterlamelle gar nicht oder nur an-
deutungsweise gefärbt ist. Anderseits ist bei Cl. bipli-

cata nicht selten das sich an die Unterlamelle ansetzende
bezw. in diese übergehende Fältchen auch fleischrot,
so daß die Färbung gerade zu Verwechslungen führen
kann.

Ich möchte daher auf folgende leichte und sichere
Unterscheidung der beiden Clausilien aufmerksam
machen:

1. Für den bei unversehrtem Gehäuse beschränk-
ten Blick in das Innere zieht die Unterlamelle von
Cl. biplicata von ihrem Ansatz nahe der Mundöffnung
fast gerade oder leicht schief nach aufwärts gegen die Spindel. Die Unterlamelle von Cl.
cana dagegen verläuft gleich von ihrem Ansatz weg
in Form eines Bogens, der oft im Anfang einen
kleinen Knicks hat.

2. Die Unterlamelle von Cl. biplicata ist nur in
ihrer Anfangsstrecke etwas gerundet, verflacht und
verbreitert sich bei ihrer Umbiegung zur Spindel.
Im Gegensatz dazu hat die Unterlamelle von Cl. cana
im ganzen Verlauf deutliche Wulstform, welche
auch im Innern nur wenig abnimmt.

Bei dieser Gelegenheit seien einige Worte über
das Clausilium von Cl. cana beigefügt. Wo die Unterlamelle rötlich ist, ist stets auch das Clausilium auf
der Unterseite und besonders an der inneren Kante
mehr oder weniger gefärbt. Bei weißer Unterlamelle
ist auch das Clausilium weiß.

Allgemein findet man in der Literatur bemerkt,
daß das Ende des Clausiliums knotig oder kolbig verdickt sei. Dies ist nur in bedingter Weise der Fall.
Gegen die Spitze faltet sich die gehöhlte Platte ähnlich
wie ein Entenschnabel ein und zwar auf der inneren
Hälfte mehr als auf der äußeren. Dadurch kommt es zu
einer Verdickung der Platte, die jedoch sehr gering-

fügig ist und nur deshalb beträchtlicheren Eindruck macht, weil sich hier der Farbstoff häuft und die sonst durchscheinende Platte sich daher milchig trübt. Wo das Clausilium ungefärbt ist, erkennt man, daß in Wahrheit die Verdickung sehr unbedeutend ist. Die Kolben- oder Keulenform kommt dadurch zustande, daß die eingefaltete Spitze sich nach unten umschlägt. Da die Hohlrinne aber bis zum äußersten Ende ausläuft, kenn man nicht von einem eigentlichen Kolben oder einer Keule reden.

Eine neue Lokalform von Limnaea ovata.

Von

Dr. W. B l u m e , Altfraunhofen.

Unter den Conchylien, die Prof. Dr. H. Gudden während seines Aufenthaltes im Westen gesammelt hat, befindet sich eine Serie von *Limnaea ovata,* die von Raismes bei Valenciennes herstammen. Unter den Tieren finden sich 3 Stück, die an die var. *intermedia* Lm. angrenzen, ferner 16 Stück, die vom gewöhnlichen Habitus der *Limnaea ovata* und ihrer bekannten Varietäten so abweichen, daß ich sie als neue Lokalform auffassen und ihr dem Finder und Spender zu Ehren den Namen var. *guddeni* beilegen möchte.

Gehäuse sehr dünnschalig, spitzeiförmig, durchscheinend, von gelbbrauner Färbung, unregelmäßig gestreift. Umgänge $4\frac{1}{2}$, der letzte ziemlich aufgetrieben, Gewinde zirka $\frac{1}{5}$ der Gehäuselänge. Mündung sehr erweitert, rund eiförmig, bis kreisförmig, sehr wenig ausgeschnitten. Mundsaum scharf und in $\frac{4}{5}$ seines Verlaufs stark hutkrempenartig umgeschlagen, so daß dementsprechend an der Außenseite der Mündungswand entlang dem Außen- und Unterrand des Mundsaums eine tiefe Rinne entsteht. Spindel gedreht und etwas schwielig verdickt. Unter- und Außenrand bis zu seinem oberen Drittel durch eine Lippe leicht verdickt.

Masse: alt. 15—19 mm, diam. 12—14 mm; apert. alt. 13—16 mm, lat. 9—12 mm.

Literatur.

Bollinger, G., Land-Mollusken von Celebes. Ausbeute der in den Jahren 1902 und 1903 ausgeführten zweiten Celebes-Reise der Herren Dr. P. und Dr. F. Sarasin. — Revue Suisse de Zoologie. Vol. 26, Nr. 9, 1918. p. 309—340, m. 1 Taf.

Bildet die Fortsetzung und den Schluß der vom Verf. an gleicher Stelle 1914 begonnenen Untersuchung der Molluskenfauna von Celebes. Als neu beschrieben werden: Cyclotus (Pseudocyclophorus) carinornatus, Alcaeus (Stomacosmethis) sarasinorum, porcilliferus, Macrochlamys planorbiformis, Nanina (Xesta) citrina var. olivacincta, Nanina (Hemiplecta) wichmanni var. fuscominuta, Obba papilla f. konawensis, Planispisa zodiacus var. tuba f. rubida, Amphidromus centrocelebensis, Succinea celebica. Die anatomische Untersuchung beschränkt sich auf vereinzelte Angaben über die Radula und ihre Bezahnung.

Jooss, C. H., Vorläufige Mitteilung über tertiäre Land- und Süßwasser-Mollusken. — Centralbl. f. Min. etc. Jg. 1918, p. 287—294.

Kurze vorläufe Diagnosen einiger neuen Arten und Var: Poiretia (Palaeoglandina) gracilis var. insignis, var. costata, Zonites (Aegopis) praecostatus, Hyalinia subnitens, procellaria, Hyalinia (Polita) suevica, Janulus moersingensis, Pyramidula (Gonyodiscus) silvana, wenzi, diezi var. u₁mensis, Punctum pumilio, Hygromia (Trichiopsis) helicidarum, Galactochilus brauni var. suevica, alveum, Tropidomphalus dilatatum, sparsistictum, Klikia coarctata var. umbilicata, var. steinheimensis, Klikia catantostoma var. conica. Wir werden im einzelnen nach Erscheinen der Hauptarbeit darauf zurückzukommen haben.

Haas, F., Die Najaden des Sees von Banyolas und ihre theoretische Bedeutung. Treballs de l'Institució Catalana d'His-

toria Natural (1916) II, pp. 1—14 (deutsch) (15 —23
katalonisch) (1917).

Der See von Banyolas in der Provinz Gerona in N. O. Spanien
liegt im Vorlande der Pyrenäen und ist den Alpenseen
sehr ähnlich. Demgemäß zeigt auch seine Molluskenfauna
ähnliche Züge und bildet entsprechende Standortsformen
aus. *Limnaea palustris* Müll. und *Neritina fluviatilis* L. sind
beiden gemeinsam; statt *Bythinia tentaculata* L., die sich in
dem zum Vergleich herangezogenen Ammersee findet,
kommt *Amnicola spirata* Pal. vor, und die Tiefenform der
Limnaea palustris im Ammersee *(„mucronata"* Held) wird
durch die ganz ähnliche *L. „martorelli"* Bgt. ersetzt. *Anodonta* fehlt. Dagegen finden sich dekuvierte Unionen: *Unio
„penchinatianus"* Bgt., der eine Seeform des *U. requieni* ist,
und *Unio subreniformis* Bgt., der zu *Rhombunio littoralis* Lam.
gehört. Diese Form, die sich typisch besonders in der
Südhälfte des Sees findet, zeigt eine stark ausgeprägte
Schalenskulptur wie die fossilen Najaden der levanti-
nischen und pontischen Schichten, die wohl auch als
Seeformen von *Rhombunio* anzusprechen sind. Als rezente
Formen der Gattung werden jetzt angenommen: *Rhombunio
littoralis fellmanni* Desh. (Tunis, Algier, Marokko), *Rh. l.
littoralis* Lam. (Iberische Halbinsel, Frankreich), *Rh. acarna-
nicus* Kob. (Nordgriechenland), *Rh. komarowi* Bttg. (Kauka-
sien), *Rh. semirugatus* Lam. (Mesopotamien, Syrien), ferner
pleistozän *Rh. littoralis kinkelini* Haas (Rheingebiet und
England).

— *Estudio para una Monographia de las Náyades de la
Península Ibérica.* Publ. Junta Ciéncias Naturales
Barcelona II pp. 131—90 (1917).

Die Arbeit zerfällt in 4 Teile. 1. Vollständige Liste der Literatur
über spanische Najaden. 2. Chronologische Liste aller für
die Iberische Halbinsel beschriebene Arten; von den 162
Namen sind 113 nach Stücken von der Halbinsel aufgestellt,
47 von anderen Gebieten übertragen; sie lassen sich alle
auf 7 Grundtypen zurückführen, zu der sie als Synonyme
oder Subspezies gehören, nämlich *Anodonta cygnea* L., *Unio
turtoni* Payr. (*pictorum*-Gruppe), *U. delphinus* Spglr. (*pictorum*-
Gruppe), *U. batavus* Lam., *Rho abunio littoralis* Lam., *Margari-
tana auricularia* Spglr., *M. margaritifera* L. 3. Liste der beschriebenen Formen in geographischer Anordnung. 4. *Unio
wolwichi* Mor., angeblich aus dem Tajo, ist eine südamerikanische Art aus dem la Plata und identisch mit *Diplodon
parallelipipedon* Lea.

Herausgegeben von Dr. W. Wenz. — Druck von P. Hartmann in Schwanheim a. M.
Verlag von Moritz Diesterweg in Frankfurt a. M.

Ausgegeben : 14. Januar.

W. Wenz del.

Heft II. (April—Juni.)

Nachrichtsblatt

der Deutschen

Malakozoologischen Gesellschaft

Begründet von Prof. Dr. W. Kobelt.

Einundfünfzigster Jahrgang (1919).

Das Nachrichtsblatt erscheint in vierteljährlichen Heften.
Bezugspreis: Mk. 10.—.
Frei durch die Post und Buchhandlungen im In- und Ausland.
Preis der einspaltigen 95 mm breiten Anzeigenzeile 50 Pfg.
Beilagen Mk. 10.— für die Gesamtauflage.

Briefe wissenschaftlichen Inhalts, wie Manuskripte usw. gehen
an die Redaktion: Herrn **Dr. W. Wenz**, Frankfurt a. M.,
Gwinnerstr 19
**Bestellungen, Zahlungen, Mitteilungen, Beitrittserklä-
rungen, Anzeigenaufträge** usw. an die Verlagsbuchhandlung von
Moritz Diesterweg in Frankfurt a. M.
Ueber den Bezug der älteren Jahrgänge siehe Anzeige auf
dem Umschlag.

Inhalt:

Emil Merkel †.

Am 9. Januar d. J. starb in Breslau unser Mitarbeiter E m i l M e r k e l. Ein Nachruf aus der Feder des Herrn Prof. Dr. F. P a x wird in dem nächsten Heft des Nachrichtsblattes veröffentlicht werden.

Neue Mitglieder.

cand. geol. Artur Ebert, Berlin U. 20, Exerzierstraße 19; Redakteur Julius Reißner, Braunschweig, Am Hohen Tor 4; Ingenieur Arnold Tetens, Freiburg i. Br., Bertholdstraße 55; cand. geol. R. Wohlstadt, Kiel, Duppelstraße 73; stud. phil. Hans Lohmander, Lund i. Schweden, Magnus Steubirksgat. 14.

Veränderte Anschriften.

Herr Bollinger-Heitz, Basel, früher Hebelstraße 109 jetzt Unt. Rheinweg 132; Dr. E. Paravicini, früher Wädenswil b Zürich jetzt Basel Laupenring 137; Dr. phil. Wagener, Berlin-Tegel, früher Berlinerstraße 1 jetzt Hauptstraße 33; Dr. E. Paravicini vom 1. Aug. ab Buitenzorg (Java) Botanischer Garten.

Heft 2.   April 1919.

Nachrichtsblatt

der Deutschen

Malakozoologischen Gesellschaft.

Begründet von Prof. Dr. W. Kobelt.

Einundfünfzigster Jahrgang.

Zur Anatomie und Systematik der Clausiliiden.

Von

Dr. A. Wagner, in Diemlach bei Bruck (Mur).

Im 21. Bande der neuen Folge von Roßmäßlers
Iconographie, 1913, begann ich mit der Veröffent-
lichung meiner Studien über Clausiliiden, in welchen
der Entwurf zu einer systematischen Einteilung dieser
formenreichen und weitverbreiteten Gruppen einer allgemeinen Beurteilung vorgelegt wurde.

Dieses neue System gründet sich sowohl auf Merkmale der Weichteile, als solche der Radula und Schale,
während bei allen bisher angewendeten Einteilungen
ausschließlich die Schalen berücksichtigt werden.

Schon im Jahre 1913 konnte ich eine große Formenzahl der Clausiliiden mit Rücksicht auf die Organisation der Weichteile vergleichen, so daß die wich-
tigsten in Zentraleuropa beobachteten Gruppen durch
wesentliche Merkmale gekennzeichnet wurden. Es war
mir jedoch schon damals klar, daß auch dieses System
zunächst noch keinen Anspruch auf Vollkommenheit
oder auch nur unbedingte Richtigkeit in allen Teilen
machen könne, da meine Kenntnisse besonders mit
Rücksicht auf griechische, kaukasisch-pontische, besonders aber ostasiatische und amerikanische Clausiliiden
noch sehr unzureichend, ebenso die von mir ausgeführten Untersuchungsmethoden vielfach noch un-
gleichmäßig und unvollkommen waren; ich bezeichnete
also auch schon damals meinen Versuch nur als weit-

maschiges, zum Teile sogar unfertiges Netz, zu dessen Ergänzung und Verdichtung alle Gleichgesinnten eingeladen wurden.

Jeder Systematiker macht die Erfahrung, daß sich die Organismen keinem vorgefaßten Einteilungsprinzip anpassen lassen und daß ein solcher Versuch oft zu künstlicher Begrenzung und Einschachtelung führt. Einen roten Faden, der uns durch die unendliche Menge variabler Formen stets sicher und dauernd leitet, wird der Systematiker vergeblich suchen; ein solcher Faden reißt oft, kaum gefunden, ab, oder verblaßt. Der Systematiker darf sich nicht durch anscheinend konstante Merkmale verleiten lassen, nur diese als entscheidend anzusehen, sondern muß rechtzeitig nach neuen Merkmalen fahnden, welche es ihm möglich machen, den verlorenen Faden wieder aufzugreifen und so die Verbindung herzustellen.

Durch eine systematische Einteilung und Anordnung sollen die verwandtschaftlichen Beziehungen der Formen zueinander festgestellt und anschaulich gemacht werden, auch wird es nur auf diese Weise möglich sein, die Unzahl der Formen zu überblicken, die einzelnen derselben durch wissenschaftliche Diagnosen zu fixieren. — Zwecklos erscheint mir zunächst der Streit über die Bezeichnung der systematischen Kategorien höherer und niedriger Ordnung, welche heute doch nur ein praktisches Uebereinkommen bedeuten und bei verschiedenen Ordnungen und Klassen eine so verschiedene Wertigkeit haben. So wird mir von Z. Frankenberger aus Prag der Vorwurf gemacht, daß ich die Clausiliiden als Familie bezeichne, während dieselben neben Pupiden und Buliminiden doch höchstens den Rang einer Subfamilie beanspruchen können. Diese Frage werden jene entscheiden, welche über die anatomischen Verhältnisse der Pupiden, Clausiliiden, Buliminiden besser unterrichtet sein werden, als momentan sowohl ich als Herr Z. Frankenberger. Die nahen verwandschaftlichen Beziehungen der genannten Gruppen kann ich auf Grund meiner zahlreichen anatomischen Untersuchungen bestimmt zugeben; Radula, das Gehäuse und die Geschlechtsorgane zeigen uns

Verhältnisse, welche innerhalb der Stylomatophoren auf eine nähere Verwandschaft hinweisen, andererseits treten aber auch Merkmale in zunehmender Entwicklung auf, welche eine stärkere Differenzierung bedingen. So sind die Anhangsorgane der Genitalorgane bald nahezu rudimentär, bald exzessiv entwickelt, ebenso weichen die Verhältnisse der Gehäuse zum Teile sehr bedeutend ab.

Schon in der Familie der Clausiliiden wird eine verhältnismäßig große Anzahl versch.eden organisierter Gruppen vereinigt, welche eine Unterteilung bedingen; diese haben wir heute noch lange nicht genügend untersucht und kennen gelernt, wir würden auch durch die Vereinigung der oben genannten drei Gruppen nichts gewinnen, was die Uebersicht fördert. Sowohl Pupiden als Buliminiden müssen noch von fremden Elementen gereinigt werden. Ferner zeigen Stenogyriden und Cochlicopiden, ebenfalls ähnliche Verhältnisse der Genitalorgane, wie Buliminidae und Pupidae und nur die Gehäuse, besonders aber die Radula mit dem konstant kleinen bis verkümmerten Mittelzahn gelten heute als konstante Merkmale der Trennung. Andererseits verweise ich noch auf die exotischen Gruppen der *Streptaxis* Gray, *Cylindrella* Pfr., *Ennea* Ad., *Gibbulina* Beck, welche ja mit Rücksicht auf Gehäuse und Genitalorgane oft eine auffallende Uebereinstimmung mit Pupiden oder Clausiliiden aufweisen, durch die extrem entwickelte Radula jedoch zum Teile als Raubtiere gekennzeichnet werden. Es kommt also nur auf den Grad der Wertigkeit an, welchen man den Merkmalen, z. B. der Radula zuerkennt, um diese Gruppen bald nahe, bald entfernt voneinander im Systeme einzustellen.

Die Ereignisse seit 1914 haben wohl auch unsere systematischen Studien verzögert, doch nicht vollkommen unterdrückt, so gelang es mir seither eine Anzahl kaukasischer, griechischer und sogar ostasiatischer Clausiliiden in lebenden oder gut konservierten Exemplaren zu erwerben und auf diese Weise wieder einige Lücken auszufüllen.

Aus der einschlägigen Literatur erreichten mich

jedoch nur zwei Publikationen, welche die Systematik der Clausiliiden behandeln und auch auf meinen oben angeführten Entwurf Einfluß nehmen.

Es ist wohl anzunehmen, daß bei der Ungunst der Zeit zahlreiche Leser des „Nachrichtsblatts" den 21. Band von Roßmäßlers Iconographie und damit auch meine Abhandlung über die Systematik der Clausiliiden noch nicht kennen; so will ich hier zunächst dieses System auszugsweise wiedergeben, um auf diese Weise sowohl notwendig gewordene Ergänzungen allgemein verständlich vorzubringen, als auch zu den einschlägigen Publikationen Steenbergs und Frankenbergs Stellung zu nehmen.

Die bisher angewendeten Einteilungsmethoden der Clausiliiden stützten sich, wie bekannt, lediglich auf Merkmale der Schalen, entsprachen also noch vollkommen der reinen Conchylienkunde. Die charakteristischen Clausiliengehäuse mit ihrem interessanten Schließapparate boten den Forschern in der Tat ein dankbares Feld und fanden schließlich in Küster, A. Schmidt, v. Vest, O. Boettger ihre Klassiker. Wie jede Virtuosität schließlich auch mit unvollkommenen Instrumenten oft zu geradezu staunenswerten Resultaten führt, gelang es auch diesen Conchyliologen, die immer mehr zunehmende Formenzahl des ehemaligen Genus *Clausilia* Drap. sicher zu unterscheiden und durch genügende Diagnosen zu fixieren. Mit dem enormen Anwachsen der bekannt gewordenen Formenzahl machte sich jedoch auch die Notwendigkeit geltend, Unterteilungen vorzunehmen; in der Tat lassen die Verhältnisse der Schalen, besonders jene des Schließapparates, natürliche Gruppen erkennen, und so entstand das gegenwärtig geltende System. Durch die Untersuchung der Weichteile und der Radula wurden nun weitere Merkmale gewonnen, welche nach meiner Erfahrung weniger die Unterscheidung der einzelnen Formen fördern. (Dieselbe wird zunächst noch immer am sichersten durch die Merkmale der Gehäuse begründet), da dieselben wohl wesentlich konstanter und individuellen Varrationen weniger unterworfen erscheinen als die Merkmale der Gehäuse, dafür aber oft ganzen Formenreihen mit kaum erkennbaren Abweichungen eigentümlich sind. Um so auffallender erscheinen unter diesen Verhältnissen die beobachteten konstanten Abweichungen, welche es uns möglich machen die verwandtschaftlichen Beziehungen der einzelnen Formen zu einander mit Sicherheit festzustellen und in weiterer Folge verwandte Formenreihen und Gruppen zu systematischen Kategorien höherer Grade zusammenzufassen. Die Gruppen, welche sich auf diese Weise ergeben, decken sich mit den Gruppen der Conchyliologen nur unvollkommen, erscheinen vielfach sogar vollkommen verschoben. Diese Erscheinung findet nach meiner Erfahrung zunächst in der Beobachtung ihre Erklärung, daß die Entwicklung und jeweilige Beschaffenheit des Schließapparates hier durchaus nicht durch die allgemeine Organisation bedingt ist, oder mit derselben in gleichem Maße fortschreitet; wir finden im Gegenteile sehr verschiedene Entwicklungsgrade des Schließapparates, also sehr abweichende Merkmale der Conchyliologen vielfach innerhalb derselben Gruppen, ja innerhalb der Artgrenzen. Die starke Veränderlichkeit des Schließapparates, welche in geringerem Grade schon als individuelle Variation beobachtet wird, scheint zunächst durch klimatische Einflüsse bedingt zu sein. So ist es ja eine bekannte Erscheinung, daß Höhenformen der Clausiliiden einen durchschnittlich schwach entwickelten Schließapparat aufweisen; bei einzelnen Gruppen wie bei *Alopia* Ad., *Delima* Vest, *Alinda* Ad. werden in Höhenlagen von 1500 bis 2000 m sogar Formen mit mehr oder minder rudimentärem bis obsoletem Schließapparat beobachtet; gleichzeitig wurde ferner einwandfrei festgestellt, daß bei Arten, welche in verschiedenen Höhenlagen auftreten, der Schließapparat schon bei Niveaudifferenzen von 200 bis 300 m wesentliche Veränderungen erkennen läßt und daß schließlich alle Uebergänge von rudimentärem (bei Höhenformen) bis zu vollkommenen Entwicklungsgraden (bei Talformen) bei derselben Art beobachtet werden können. Einen ähnlichen Einfluß wie das Höhenklima übt auch ein feuchtes Küstenklima aus, denn auch bei Formen der Gruppen **Medora** aus

Süddalmatien, ebenso bei Albinarien der griechischen
Küsten und kleinen Inseln finden wir oft einen auffallend rudimentären Schließapparat. Aus dem Gesag-
ten erhellt wohl zur Genüge die Unzulänglichkeit der
Hilfsmittel über welche die Conchyliologie auch mit
Rücksicht auf die Clausiliiden verfügt, welche ausschließlich und einseitig berücksichtigt stets nur zu
einer unvollkommenen, ja vielfach vollkommen unrich-
tigen Beurteilung dieser Tiere führen mußte. Umso un-
verständlicher erscheint mir der Vorwurf, welchen mir
Z. Frankenberger aus Prag in seiner oben angeführten
Abhandlung „Zur Anatomie und Systematik der Clausilien, Zoolog. Anzeiger Bd. XLVII Nr. 8, Juni 1916"
unter anderen macht, daß ich die Bedeutung anato-
mischer Merkmale übertreibe. Da Herr Frankenberger
durch diese Aeußerung seinen Standpunkt als con-
chyliologischer Systematiker fixiert, erlaube ich mir
denselben hier wörtlich wiederzugeben. „Anatomische
Untersuchung kann uns in manchen Fällen helfende
Hand bieten, wo die Verwandschaftsbeziehungen aus
anderen Merkmalen nicht so ersichtlich sind; als ein
grundlegendes systematisches Prinzip kann sie jedoch
nicht benutzt werden." — Aus diesem Grunde glaubt
Frankenberger, daß das neue Wagnersche System
keineswegs natürlicher und zutreffender sei, als alle
die übrigen Versuche, die bloß auf Grund der con-
chyliologischen Untersuchung gemacht wurden. Die
von mir vorgeschlagene systematische Einteilung der
Clausiliiden ist das Resultat von zahlreichen positiven
Beobachtungen, welche ich bei der speziellen Behand-
lung der einzelnen Gruppen bekannt gebe und durch
Abbildungen anschaulich mache; es steht jedermann
frei, sich darüber ein eigenes Urteil zu bilden, und
finde ich also keinen Anlaß, mich weiter bezüglich
meines „Systems" mit Z. Frankenberger auseinander-
zusetzen; so weit jedoch Z. Frankenbergers Behaup-
tungen auf falsche Beobachtungen begründet sind, will
ich denselben meine eigenen Beobachtungen entgegen-
setzen.

Der Schließapparat der Clausiliiden wird durch
Falten und Lamellen an den Wänden des letzten Um-

ganges und der Mündung gebildet, auf diese Weise erscheint die Mündung mehr oder minder verengt, der
Zugang in das Gehäuseinnere erschwert; dieser Verschluß wird noch durch Einschnürungen und Ver-
engerungen des Querschnittes des letzten Umganges,
außerdem durch eine den Clausilien eigentümliche Einrichtung, das Clausilium, vervollkommnet und ergänzt.
Dieses Clausilium entspricht seiner Anlage nach einer
Lamelle der Mündungswand, welche vorne flächen-
oder rinnenartig verbreitert ist und nur durch einen
schmalen, elastischen Stiel mit dem Gehäuse in Verbindung bleibt, so daß die Clausiliumplatte eine be-
schränkte Beweglichkeit erlangt. Der Funktion nach
entspricht dieses Clausilium unbedingt dem Operculum
der Deckelschnecken, indem es den Verschluß der
Mündung ergänzt. Dieser Verschluß kann zum Teile
die Abwehr äußerer Feinde (Käferlarven, Ichneu-
monen) bewirken, stellt aber wohl in erster Linie eine
Schutzvorrichtung gegen Trockenheit des verhältnismäßig langen und dabei dünnen und zarten Körpers
dar. Auf diese Weise ist die auffallende Abhängigkeit
des Clausiliums und des übrigen Schließapparates von
den Einflüssen eines trockenen oder feuchten Klimas
am einfachsten zu erklären. Eine weitere Funktion
des Clausiliums, welches nach M. von Kimakowicz
einen Stützapparat für das Gehäuse beim Kriechen der
Schnecken darstellen soll, erscheint mir ungenügend
begründet.

Vom systematischen Standpunkt kann ich dem
Clausilium nicht jene Bedeutung zuerkennen, welche
dasselbe in den systematischen Studien der meisten
Autoren findet. Der Entwicklungsgrad und damit
Größe und Form schwanken eben selbst innerhalb der
Artgrenzen; eine Klassifikation, welche sich in erster
Linie auf dieses Merkmal stützt, führt vielfach zu
Irrtümern.

Ein gut entwickelter Schließapparat wird nicht
durch eine große Zahl von Falten und Lamellen, sondern durch einen möglichst vollkommenen Verschluß
der Mündung gekennzeichnet; dieser wird besonders
durch das Clausilium in Verbindung mit der Mond-

falte bewirkt, während die Ober- und Spirallamelle in
Verbindung mit der Prinzipalfalte eine Einrichtung dar-
stellen, durch welche, ähnlich wie bei einzelnen
Gruppen von Landdeckelschnecken (*Rhiostoma* Bens.,
Spiraculum Pears., *Opisthoporus* Bens, *Streptaulus*
Bens, *Cataulus* Blanf.) auch bei geschlossenem Clau-
silium resp. Operculum ein Atemkanal gebildet wird;
besonders auffallend bei Tonkinesischen Clausiliiden
aus dem Formenkreise der *Cl. cervicalis* Bav. et
Dautz. entwickelt.

Ein wesentliches Merkmal bietet uns am Gehäuse
ferner die Beschaffenheit der Oberfläche desselben;
bei einer Anzahl von Gruppen finden wir eine opake
Oberflächenschichte, welche den Gehäusen eine charakteristische blaue, blaugraue oder milchige Trübung
verleiht (*Alopiinae*, Gruppen *Papillifera*, *Oligoptychia*),
diese Oberflächenschicht ist in verschiedenem Grade
entwickelt, oft nur in der Form eines milchigweißen
Nahtfadens oder weißer Papillen angedeutet und erscheint mitunter auch als eigenartige Skulptur aufgelagert. Die fast ausschließlich radiale Skulptur der
Clausiliiden (Spirallinien sind nur bei Formen des
Genus *Pirostoma* angedeutet) entspricht entweder den
verstärkten Zuwachsstreifen, oder Rippen und Falten
werden durch die opake Oberflächenschichte gebildet
und kreuzen sich mit den Zuwachsstreifen (besonders
bei Formen der Gruppen *Alopia* s. str., *Albinaria*
Vest., *Agathylla* Vest. entwickelt).

Die R a d u l a der Clausiliiden entspricht dem Typus mit gleich großen Mittel- und Seitenplatten; im
übrigen sind bis jetzt zwei Formen derselben festgestellt worden, je nachdem die Mittelplatte ein- oder
dreispitzig ist. Nach meinen bisherigen Erfahrungen
lassen sich diese wesentlichen Merkmale mit anderen,
namentlich solchen der Weichteile in Einklang bringen.

Von den inneren Organen der Clausiliiden haben
besonders die Sexualorgane für die Systematik eine
besondere Bedeutung gewonnen, da sie zahlreiche wesentliche Merkmale erkennen lassen und der Beobachtung verhältnismäßig leicht zugänglich gemacht
werden können. Ich will hier ausdrücklich bemerken,

daß auch die genaue Beobachtung und der Vergleich anderer Organe zu analogen Resultaten führt, die Praeparation derselben jedoch viel schwieriger durchzuführen ist. Der Systematiker muß beim Studium einzelner Gruppen möglichst zahlreiche Untersuchungen und Vergleiche durchführen, wird dabei auch von der Beschaffenheit und Konservierung des Untersuchungsmaterials beeinflußt, so muß er trachten, seine Zeit und Arbeitskraft zunächst dort einzusetzen, wo das beste Resultat am raschesten zu erreichen ist. Nachstehende Verhältnisse der Sexualorgane erweisen sich als konstante, einzelnen Formenkreisen und Gruppen eigentümliche Merkmale.

Penis und Vas deferens sind etweder deutlich von einander abgesetzt, das letztere fadenförmig dünn und lang (*Alopiinae, Clausiliinae*), oder Penis und Vas deferens bilden im Zusammenhange äußerlich einen Schlauch, welcher am hinteren Ende verjüngt in die Samenrinne mündet; der Penis ist in letzterem Falle zumeist dünner als das verhältnismäßig kurze Vas deferens und von letzterem undeutlich abgesetzt (*Baleinae*). Extreme Entwicklungsformen der angeführten Verhältnisse erscheinen auffallend verschieden und wird dieser Eindruck noch durch abweichende Formverhältnisse des Penis verstärkt. Schon meine heutigen Beobachtungen haben mir jedoch gezeigt, daß die geschilderten Verhältnisse, ebenso solche anderer Teile der Sexualorgane, durch Uebergänge vermittelt werden. Auch am Penis selbst können bei den einzelnen Gruppen konstante und deutliche Formunterschiede festgestellt werden; so sehen wir denselben bei einer Anzahl von Gruppen (*Alopiinae, Papillifera* Vest, *Oligoptychia* Vest) verhältnismäßig groß, in seinem vorderen Teile mehr oder minder bauchig spindelförmig, im rückwärtigen Teile (Epiphallus) verjüngt, nach vorne umgeschlagen und in dieser Lage durch Muskelzüge und Bindegewebe fixiert; nach C. M. Steenberg unterscheidet sich der vordere, gewöhnlich dickere Teil des Penis auch histologisch wesentlich von dem rückwärtigen, nach vorne umgeschlagenen Teil und erscheint als der eigentliche Penis, während der rückwärtige Teil dem auch bei anderen Gruppen der Stylomatophoren bereits differenzierten Epiphallus entspricht. Bei zahlreichen Formen, welche die eben beschriebene Form des Penis aufweisen, wird ferner ein blindsackartiges Divertikel beobachtet, welches in verschiedenem Grade entwickelt erscheint; diesem Divertikel ist systematisch wohl die Bedeutung eines Gruppenmerkmals zuzuerkennen, doch ist dasselbe, wie bemerkt, in seiner Entwicklung sehr veränderlich und bei Höhenformen mitunter obsolet. — Ferner findet sich bei dieser Penisform am Uebergange desselben in ein fadenförmig dünnes Vas deferens ein rudimentäres, zumeist nur mikroskopisch nachweisbares Flagellum. Konstant ist bei dieser Penisform ferner ein kräftig entwickelter, vielfach zweiarmiger Musc. retractor penis vorhanden, welcher am Epiphallus inseriert und zum Diaphragma verläuft. Eine wesentlich verschiedene Form des Penis finden wir bei den Gruppen *Pirostoma* Vest, *Kusmicia* Brus., *Erjavecia* Brus. Hier erscheint der Penis im Verhältnis zum schlauchförmigen, dicken, verhältnismäßig kurzen Vas deferens auffallend klein und bildet am Uebergange in das Vas deferens eine kleine Schleife an welcher ein rudimentärer Musc. retractor penis inseriert, aber noch zum Diaphragma verläuft, wie C. M. Steenberg in einer hier später zu besprechenden prächtigen Abhandlung nachweist. Das hier beschriebene Verhältnis von Penis und Vas deferens macht gegenüber jenem bei Alopiinen und Clausiliinen einen vollkommen verschiedenen Eindruck; Penis und Vas deferens stellen anscheinend einen zusammenhängenden schlauchförmig-zylindrischen Schlauch dar, da die Schleife am Uebergange klein und unscheinbar ist, demnach beim Präparieren leicht übersehen wird; der Muskelretractor ist auffallend schwach entwickelt und wurde von mir früher in seinem Verlaufe zum Diaphragma übersehen. Die Verhältnisse bei den Gruppen *Laminifera* Bttg., *Fusulus* Vest, *Graciliaria* Bielz vermitteln jedoch eine Verbindung mit jenen bei den Alopiinen.

Noch abweichendere Verhältnisse des Penis finden wir bei den Gruppen *Balea* Prid., *Alinda* Ad., *Idyla*

Vest., *Euxenia* Bttg., *Mentissa* Bttg., *Uncinaria* Vest.
Auch hier stellen Penis und Vas deferens einen
zusammenhängenden, spindelförmig - zylindrischen
Schlauch dar, indem der Uebergang von Penis und
Vas deferens zumeist undeutlich ist; die bei den früher
geschilderten Penisformen beschriebene winklige oder
schleifenförmige Biegung des Penis ist hier nur angedeutet oder fehlt vollkommen, ebenso fehlt ein deutlicher Musc. retractor penis und wird nur durch feine
Muskelzüge angedeutet, welche zwischen Penis und
Epiphallus verlaufen.

Von den Muskeln des Retraktorensystems treten
die Seitentraktoren auch in Beziehungen zu den Sexualorganen; aus diesen Verhältnissen ergeben sich
wichtige Anhaltspunkte für die Systematik, von
welchen ich hier besonders das Verhältnis des den
Sexualorganen benachbarten Retraktors des Augenträgers (rechts oder links, je nach der Windungs-
richtung) hervorhebe, welcher bei einer Reihe von
Gruppen zwischen Penis und Vagina, bei anderen aber
frei neben diesen Organen verläuft. Schon dieses Merkmal scheidet sämtliche Clausiliiden in zwei Gruppen,
welchen auch weitere Unterschiede der Weichteile und
des Gehäuses entsprechen.

Wechselnde, aber einzelnen Gruppen eigentümliche Verhältnisse finden wir ferner an der Samenblase = Samentasche (Receptaculum seminis = Bursa
copulatrix), ihrem Ausführungsgange oder Blasenstiel
und dem Divertikel des Blasenstiels. Ein Divertikel des
Blasenstiels ist nach meinen Beobachtungen bei allen
europäischen Gruppen vorhanden, aber in sehr verschiedenem Grade entwickelt. Vollkommen vermißt
habe ich ein Divertikel des Blasenstiels bisher nur bei
Cl. litotes A. Schm. aus der Umgebung von Batum
und bei *Cl. rudis* Bav. et Dautzenberg aus Phong-
Tho in Tonkin; beide genannten Arten gehören aber
mit Rücksicht auf Form des Gehäuses und sonstige
Organisation wieder stark verschiedenen Gruppen an.

Bei den Subfamilien der Alopiinae und Clausi
liinae finden wir regelmäßig ein kräftig entwickeltes
Divertikel, welches wenig schwächer, dabei bald kür-

zer, bald länger als die Samenblase mit dem Blasen-
stiele ist; bei den Gruppen *Balea* Prid., *Alinda* Ad.,
Idyla Vest., *Mentissa* Bttg., *Euxina* Bttg., *Pirostoma*
Vest., *Uncinaria* Vest., *Oligoptychia* Bttg., *Laminifera*
Bttg., *Fusulus* Vest., *Graciliaria* Bielz erscheint das
Divertikel fadenförmig dünn und zart und schließlich
rudimentär.

Die mannigfachen Beziehungen des Retraktorensystems zu den Sexualorganen hat besonders C. M.
Steenberg beschrieben und werde ich bei Besprech-
ung dieser Publikation noch auf dieses Thema zurück-
kommen.

Diese hier nur kurz und übersichtlich dargestellten
Verhältnisse haben mich veranlaßt, die verwandtschaftlichen Beziehungen der Clausiliiden anders aufzufassen,
als dies bisher der Fall war und dementsprechend die
Resultate meiner Beobachtung in meiner Monographie
der „Familie der Clausiliiden"*) als neues System
praktisch durchführen.   (Fortsetzung folgt).

Die Konchylienfauna diluvialer und alluvialer Ablagerungen in der Umgebung von Mühlhausen i. Th.

Von

B. Klett, Mühlhausen i. Th.

I. Teil.

Auf dem Südwestabhange des Rieseningen Berges
bei Mühlhausen i. Th. (Nordostecke des geologischen
Kartenblattes Langula) liegt in einer Höhe von 225
bis 230 m über N.N. oder 25 m über der heutigen
Sohle des Unstruttales ein Schotterlager, welches seit
einigen Jahren in einer kleinen Kiesgrube abgebaut
wird. Das Liegende der Schotterbank sind bunte Mergel von blauer und grauer Farbe, welche dem Mittelkeuper angehören. Die Schotter bestehen aus abge-

---

*) Die Familie der Clausiliiden in Roßmäßlers Iconographie,
21. Band: Neue Folge, 1913.

rollten, zum Teil durch Eisenoxyd **rotgefärbten Mu-**
schelkalkgeröllen. Das Lager hat eine Mächtigkeit
von 0,90—1 m. Vereinzelt finden sich zwischen den
Muschelkalkschottern nordische Geschiebe, besonders
Feuersteinsplitter, seltener Granite. Diese Findlinge
beweisen das postglaziale Alter der Schotterablagerung. Diese selbst ist fluviatilen Ursprungs und jedenfalls von einem älteren Laufe der Unstrut abgesetzt
worden. Die Höhenlage über dem heutigen Wasserspiegel des Flusses, welcher in einer Entfernung von
1,5 km nordwärts vorbeifließt, spricht für das diluviale
Alter der Schotterablagerung. Diese ist von einer Lößdecke überlagert. Die Thüringer Lößlager sind postglaziale Bildungen. Das Schotterlager ist demnach
nach der Vereisung, aber vor der Bildung des Lösses
abgesetzt worden. In der Schotterbank fanden sich
nesterartig eingebettet einige kleine Lößeinschwemm-
ungen, welche reich an Konchylien waren. Zur Zeit
sind solche Lößnester nicht mehr zu beobachten. Die
gefundenen Konchylien haben Herrn D. Geyer Stuttgart vorgelegen, welcher die Güte hatte, die Bestimmungen nachzuprüfen. Der Fundort ist noch nicht beschrieben worden.

Gefunden wurden:

Punctum pygmaeum Drap. 1.
Conulus fulvus Müll., häufig.
Vallonia pulchella Müll., hfg.
    „   costata Müll , hfg.
    „   tenuilabris A. Brn. 1.
    „   costellata Al. Br., hfg.
Xerophila striata Müll. 1.
Eulota fruticum Müll. 1 (Jugendform).
Pupilla muscorum L., hfg.
Cionella lubrica Müll., hfg.
Caecilianella acicula Müll., hfg.
Succinea pfeifferi Rssm., hfg.
    „   oblonga Drap. 1.
Limnophysa truncatula Müll., hfg.
Gulnaria ovata Drap, sehr hfg. (sehr kleine Form).
Gyrorbis leucostoma Mill. 7.
Gyraulus rossmaessleri Auersw, hfg.
Armiger nautileus L., hfg.
Valvata piscinalis Müll., hfg.
Pisidium fontinale C. Pf., hfg.
Cypris. 2.

Das sehr häufige Auftreten der Valvata piscinalis
Müll. und der Gulnaria ovata Drap. beweist, daß die
Schotter von einem schlammigen, langsam fließenden
Gewässer abgesetzt worden sind. Auch das zahlreiche
Vorkommen von Armiger nautileus L. und Pisidium
fontinale sprechen dafür.

Dem Alter nach stehen die Schotter vom Rieseningen Berge wohl dem Cyrenenkies von Höngeda,
welcher im geologischen Kartenblatte von Langensalza
S. 59—61 und Langula S. 46—48 beschrieben ist,
nahe. Der reichhaltige Fundort von Höngeda ist, da
der Kies nicht mehr abgebaut wird, völlig eingeebnet
worden. Ich konnte durch jahrelange Arbeit das Verzeichnis der in den genannten Kartenblättern ange-
gebenen Schnecken um eine Anzahl vermehren. Die
Funde haben Herrn D. Geyer vorgelegen.

Ich lasse zunächst das Verzeichnis der geologischen Kartenblätter folgen:

+ 1. Cypris servata Normann.
    Limax sp.
   1. Hyalinia sp.
+ 1.   „   fulva Müll. (Conulus fulvus).
+ + 1. Vallonia pulchella Müll. *
+ + 1.   „   costata Müll. *
+ 1. Fruticicola hispida L.
+ 1. Cochlicopa lubrica Müll.
+ 1. Pupilla muscorum L.
+ + 1. Vertigo antivertigo Drap.
+ + 1.   „   angustior Jeffr.
+ 1.   „   laevigata Kok.
    Pupa striata Gredl.
   1. Clausilia sp.
+ + 1. Succinea pfeifferi Rssm. *
+ 1.   „   oblonga Drap.
+ + 1. Carychium minimum Müll.
+ + 1. Limnaea ovata Drap *
+ 1.   „   palustris Müll.
+ + 1.   „   truncatula Müll.
+ + 1. Planorbis marginatus Drap.
+ + 1.   „   rotundatus Poir.
+ + 1.   „   spirorbis L *
+ 1.   „   contortus L.
+ 1.   „   albus Müll. *
+ 1.   „   Rosmaessleri Auersw. *
   1.   „   crista L.
    Valvata macrostoma Steenb.
+ + 1.   „   cristata Müll. *

+ 1. Bythinia tentaculata L. *
1. Unio = Bruchstücke.
+ + 1. Cyrena (Corbicula) fluminalis Müll. sp. *
+ + 1. Pisidium amnicum Müll. "
   „ subtruncatum Malm. *
1. „ fontinale C. Pf.
 Sphaerium solidum Normann *
  „ corneum L.

Die mit * bezeichneten Stücke wurden bei der geologischen Aufnahme häufiger beobachtet. Die mit einer 1 bezeichneten Stücke wurden von mir aufgesammelt oder ausgeschlämmt. + deutet häufiges, + + sehr häufiges Vorkommen an.

Planorbis albus Müll. dürfte nach D. Geyer identisch mit Pl. limophilus Wstld. sein.

Neu wurden von mir gefunden:

Hyalinia hammonis Ström. 4.
Caecilianella acicula Müll., hfg.
Zonitoides nitidus Müll., hfg.
Vallonia excentrica Sterki. 6.
 „ costellata Al. Br., hfg.
Punctum pygmaeum Drap. 25.
Vertigo pygmaea Drap., hfg.
 „ pusilla Müll. 7.
 „ parcedentata Sandb. 8.
Kuzmicia pumila Ziegl. 2.
Graciliaria filograna (Ziegl.) Rossm. 7.
Gyraulus glaber Jeffr.
Armiger nautileus L., hfg.
Valvata piscinalis Müll. 22.
Unio batavus Lm. (ganze Schalen.)

Auch der Cyrenenkies von Höngeda führt einzelne nordische Geschiebe zwischen den Muschelkalkschottern. Die Findlinge entstammen einem aufgearbeiteten glazialen Schotterzuge. Der Cyrenenkies ist eine postglaziale diluviale Ablagerung.

Gleichaltrig mit ihm sind jedenfalls auch die Lager der „älteren diluvialen Kalktuffe" von Mühlhausen Th. (Vergleiche: Dr. Bornemann in der Zeitschrift der deutschen geologischen Gesellschaft. 1856. Bd. VIII. S. 89.) Das umfangreichste Lager liegt dicht am Westausgange der Stadt, am Südabhange des Tonberges, an der sogenannten Klippe und zieht sich über den Schützenberg bis in die Stadt hinein. Ein guter Aufschluß ist der Steinbruch an der Klippe des Tonberges. Der Kalktuff liegt dort 40—50 m über dem Wasserspiegel der Unstrut. An der Ostseite des Bruches ist zur Zeit als Liegendes weißgelber Kalksand (Characeensand) in einer Mächtigkeit von 2,40 m aufgeschlossen. Ueberlagert wird er von einer 0,80 m starken Schicht von lockerem Sande, dem Brocken von hartem, zellig-porösen Kalktuff eingelagert sind. Darauf liegt die 4 m mächtige Werkbank von eisenhartem, wetterbeständigem, dichtem „Travertin".

Die Nordwand des Bruches zeigt als Hangendes 1 m erdigen Kalksand, darunter 8,65 m stark die Werkbank. Die Schichtenflächen der starken Steinlagen sind mit Blattinkrustationen bedeckt, die deutlich Haselnuß, Buche, Ulme, Weide und Eiche erkennen lassen. Ganz unvermittelt geht die Felswand nach links in lockeren Charasand über, der völlig steinfrei ist, weißgelb, in trockenem Zustande fast weiß aussieht und durchsetzt ist von kleineren Stengelgliedern von Charagewächsen und Schilfarten. Zahllose Schnecken, Millionen von Characeenfrüchten liegen im Sande, der in einer Mächtigkeit von 2,65 m aufgeschlossen ist. In der Felswand ist eine kleine Höhle, die am Eingange fast mannshoch ist. Ihre Tiefe beträgt etwa 5 m.

Das ältere Kalktufflager von Mühlhausen hat ehemals wohl eine größere Ausdehnung gehabt. Es scheint sich durch die ganze Stadt nach Osten hin erstreckt zu haben. Während der frühere Aufschluß am Schützenberge eingeebnet worden ist, wurde in neuerer Zeit in der städtischen Kiesgrube am Ostrande der Stadt, nahe bei der Wendewehrbrücke (dicht an der Eisenbahn, km 41,1—41,2) ein kleines diluviales Kalktufflager aufgeschlossen. Diese Lagerstätte ist von der Klippe am Tonberge 2,5 km entfernt. Der Kalktuff bildete ein Lager von 0,20—0,30 m Stärke und bestand nur aus lockerem Sande. Dieser lagerte auf einer 4—4½ m starken Muschelkalkschotterbank und war überdeckt von einer 3,80 m mächtigen Lößdecke. Leider ist das Kalktufflager durch den Abbau des Schotters verschwunden und die Kiesgrube wird zur Zeit zugefüllt. Die von mir festgestellte Konchylienfauna hat der Kgl. Geolog. Landesanstalt in Berlin vorgelegen. Das Verzeichnis der Konchylien folgt unten.

Das Lager des älteren Kalktuffes scheint auch nach Südwesten hin eine größere Ausdehnung besessen zu haben, da bei der geologischen Aufnahme des Blattes Langula zwischen dem Dorfe Felchta und dem Vorwerke Weidensee ein schmaler Streifen von diluvialem Kalktuff festgestellt wurde. Diese Fundstelle liegt 3 km südwestlich der Klippe.

Das Kalktufflager ist jedenfalls zum Teil wieder zerstört und abgetragen worden. Der durch das Johannistal fließende Bach trennte durch Erosion das Lager am Tonberge von dem am Schützenberge. Der ältere, über den Rieseningen Berg abfließende Unstrutlauf, dem der eingangs beschriebene Schotterzug seine Entstehung verdankt, führte die Kalktuffgerölle mit fort und lagerte sie an anderen Orten wieder ab. So findet man lose, abgerollte Kalktuffbrocken westlich von Höngeda auf dem Roten Berge und ebensolches Gestein auf dem Rieseningen Berge ostwärts der beschriebenen Kiesgrube.

Ueber die Entstehung des Mühlhäuser „Aelteren Kalktuffes" sagt K. v. Seebach im Begleitworte zur Geologischen Karte v. Mühlhausen 1883, „daß der Kalktuff des Ton- und Schützenberges sich in einem nur wenig fließenden Gewässer abgesetzt hat". Es ist jedoch vielleicht anzunehmen, daß diese Kalktufflager ihre Entstehung einem Flächen-Quellmoore im Sinne Heß von Wichdorffs verdanken. Darauf würde auch aus der Lage, nahe der Muschelkalk- und Keupergrenze, zu schließen sein. Die Kalktuffe wären dann von starken Quellen, die auf dieser Grenze austraten und deren Wasser sich in einem mehr oder weniger großen Becken angesammelt hat, abgesetzt worden.

Die Kochylienfauna des Kalktuffes vom Tonberge (Klippe) ist eine recht artenreiche. K. v. Seebach zählt als besonders häufig nur 6 Arten auf. Ich konnte feststellen:

Conulus fulvus Müll. 7.
Hyalinia cellaria Müll. 1.
       „   hammonis Ström. 29.
Vitrea contracta Wstld. 12.
       „   contorta Held. 4.
Zonitoides nitidus Müll. 21.
Punctum pygmaeum Drap., hfg.

Patula rotundata Müll. 11.
„ ruderata Stud. 13.
Acanthinuia aculeata Müll. 8.
Vallonia costata Müll, hfg.
„ pulchella Müll., hfg.
„ excentrica Sterki. 2.
Trichia hispida L. 15.
Euomphalia strigella Drap., selten.
Xerophila striata Müll. var. nilssoniana Beck. 1.
Eulota fruticum Müll., selten.
Cepaea nemoralis L., selten.
„ hortensis Müll., hfg.
Pupilla muscorum L., hfg.
Sphyradium edentulum Mts. 11.
Vertigo pygmaea Drap 49.
„ moulinsiana Drap. 22.
„ antivertigo Drap., hfg.
„ pusilla Müll. 13.
„ angustior Jeffr., hfg.
Clausiliastra laminata Mont. 2.
Kuzmicia pumila Ziegl. 6.
Cionella lubrica Müll. 13.
„ „ „ var. exigua Mke. 15.
Caecilianella acicula Müll., hfg.
Succinea pfeifferi Rssm., sehr hfg.
Carychium minimum Müll., selten.
Limnus stagnalis L. 12.
Gulnaria ovata Drap., sehr hfg.
Limnophysa palustris Müll., sehr hfg.
„ truncatula Müll., sehr hfg.
Aplexa hypnorum L. 4.
Physa fontinalis L., hfg
Planorbis marginatus Drap., typische Form (sehr hfg.).
„ „ „ var. submarginatus Jan, selten.
„ carinatus Müll., typ. Form, hfg.
„ „ „ var. dubius Hartm. 5.
Gyrorbis vorticulus Trosch, hfg.
„ leucostoma Mill. 19.
Bathyomphalus contortus L., hfg.
Gyraulus rossmaessleri Auersw. 40.
„ glaber jeffr. 4.
Armiger nautileus L., hfg.
„ „ „ f. cristatus Drap. 5.
Hippeutis complanatus L., sehr hfg.
Segmentina nitidus Müll., sehr hfg.
Ancylus fluviatilis Müll. 1.
„ lacustris L. 1.
Bythinia tentaculata L., sehr hfg.
Valvata cristata Müll., sehr hfg.
Belgrandia marginata Mich., überaus hfg.
Pisidium fontinale C Pf., selten.
„ pusillum Gn., hfg.
Cypris, sehr hfg.

Es sind dies zusammen 60 Arten, von denen stratigraphisch oder tiergeographisch wichtig sind: Belgrandia marginata Mich.. Sie ist in Deutschland ausgestorben und soll in den Quellsümpfen der französischen Departements Jura, Haute Garonne, Var, Aveyron, Vaucluse sowie in der Schweiz in Gebirgsgegenden noch vorkommen. Patula ruderata Stud. und Vertigo moulinsiana Drap. gelten als Glazialrelikte. Sphyradium edentulum Mts. ist eine boreo-alpine Art. Die Heimat der Kuzmicia pumila (Ziegl.) C. Pf. ist der Osten Europas. Im Rückgange begriffen und in Mitteldeutschland selten geworden, in Süddeutschland erloschen, ist Xerophila striata Müll. f. nilssoniana Beck.

Nicht ganz so reich an Arten war das kleine Kalktuftvorkommen in der städtischen Kriesgrube am Wendewehr. Es wurden ausgeschlämmt:

Vitrea contorta Mke., selten.
    „   subrimata Rhdt., selten.
    „   crystallina Müll.. z. selten.
    „   contracta Wst. 2.
Hyalinia nitidula Drap., z. hfg.
    „   hammonis Str., z. hfg.
    „   lenticula Held, z. hfg.
Zonitoides nitida Müll., hfg.
Patula solaria Mke. hfg.
    „   rotundata Müll., sehr hfg.
Punctum pygmaeum Drap., z. selten.
Vallonia costata Müll., sehr hfg.
    „   pulchella Müll., hfg.
    „   excentrica Sterki 3.
Acanthinula aculeata Müll., hfg.
Trichia hispida L., z. hfg.
Tachea hortensis Müll., 2.
Helicodonta obvoluta Müll.
Cionella lubrica Müll., typ. (z. hfg.)
    „   „   var. exigua Mke. 1.
Caecilianella acicula Müll. 4.
Pupilla muscorum L. 1.
Orcula doliolum Brug. 1 und 1 Anfangswindung.
Isthmia minutissima Hartm. 1.
Vertigo pygmaea Drap. 8.
    „   moulinsiana Dup. 1.
    „   antivertigo Drap., sehr hfg.
    „   angustior Jeffr., hfg.
    „   pusilla Müll. 3.
    „   substriata Jeffr. 1.

Clausiliastra laminata Mont. 7.
Graciliaria filograna (Ziegl.) Rssm., selten.
Kuzmicia pumila (Ziegl.) C. Pf., hfg.
„ bidentata Ström. 1 Bruchstück.
Succinca oblonga Drap. 1.
„ pfeifferi Rssm., selten
Gulnaria ovata Drap., z. selten
Carychium minimum Müll., hfg
„ tridendatum Risso, sehr hfg.
Tropidiscus umbilicatus Müll., hfg.
Gyrorbis leucostoma Müll., hfg.
Armiger nautileus L., selten.
„ „ f. cristatus Drap. 1.
Bythinia tentaculata L., z. hfg.
Acme polita Hartm., hfg.
Valvata cristata Müll., hfg,
Belgrandia marginata Mich., sehr hfg.
Pisidium fontinale C. Pfr., var ovatum Cless. 3.

Das sind 49 Arten, von denen 9% erloschen sind,
nämlich Vitrea subrimata Rhdt., Patula solaria Mke.,
Vertigo moulinsiana Dup., Vertigo substriata Jeffr.,
Carychium tridentatum Risso, Belgrandia marginata
Mich., Orcula doliolum Brug., eine südosteuropäische
Form, ist, wie die gleichfalls dem Osten angehörende
Gracilaria filograna (Ziegl.) Rssm., sehr selten anzu-
treffen. Die Funde vom Wendewehr haben der Kgl.
Geologischen Landesanstalt zu Berlin, die vom Ton-
berge Herrn D. Geyer, Stuttgart, vorgelegen. Auf-
fallend ist es, daß Patula solaria Mke. am Tonberge
überhaupt nicht, dagegen in der städtischen Kiesgrube
sehr häufig aufgefunden wurde. Dasselbe gilt von
Carychium tridentatum Risso.

(Fortsetzung folgt.)

Zur Nomenklatur tertiärer Land- und Süß-wassergastropoden.

Von

W. Wenz, Frankfurt a. M.

I.

Die Uebernahme der Bearbeitung der Land- und
Süßwassergastropoden für den „Fossilium Cata-

logus"[1]) macht es mir zur Pflicht, für eine regelrechte Durchführung der Nomenklatur Sorge zu tragen, die bestehenden Gattungs- und Artnamen auf ihre Berechtigung zu prüfen und etwa vorhandene Synonyme und Homonyme auszumerzen. Ich will dieser Aufgabe hiermit und in der Folge dadurch nachkommen, daß ich an dieser Stelle zunächst eine Reihe homonymer Artnamen richtig stelle:

Bithynia Risso 1826.

1. *Paludina ovata* Dunker, 1846 — Palaeontographica I, p. 159, Tab. XXI, Fig. 10—11.
   non *Paludina ovata* Bouillet, 1835 — Annales scientifiques, littéraires et industr. de l'Auvergne. Clermont-Ferrand. VIII, p. (145).
   = *Bithynia dunkeriana* n. nom.
   Ein Exemplar aus der Brackwassermollasse der Reisensburg bei Günzburg wurde als Typus festgelegt und entsprechend ausgezeichnet. Coll. Wenz.

Buliminus Beck, 1837.

2. *Bulimus (Petreus) turgidulus* Sandberger, 1874 — Die Land- und Süßw.-Conch. d. Vorwelt. p. 488, Tab. XXV, Fig. 21.
   non *Bulimus turgidulus* Deshayes, 1863 — Descr. Anim. sans vert. Bassin Paris. vol. II, p. 833, Tab. LIV, Fig. 25—27.
   = *Buliminus hassiacus* n. nom.
   Ein Exemplar dieser bisher nur als Steinkern (allenfalls mit spärlichen Schalenresten) bekannten Art meiner Sammlung aus den Hydrobienschichten von Offenbach wurde als Typus festgelegt und entsprechend ausgezeichnet.

Cepaea Held, 1837.

3. *Helix globulosa* Zieten, 1830 — Die Versteinerungen Württembergs. p. 38, Tab. XXIX, Fig. 3.
   non *Helix globulosa* Férussac, 1822 — Tabl. syst. des anim. Moll. Prodrome. p. 17. Hist.

---

[1]) Fossilium Catalogus I. Animalia. Gastropoda Extramarina. Berlin, W. Junk.

nat. Tab. 25, Fig. 34, Tab. 25 A, Fig. 7—8
(= muscorum Lea).

Da in Zietens Werk der Name vor *Helix rugulosa*
steht, so könnte er als Synonym für *Helix rugulosa*
in Frage kommen und ist auch gelegentlich zur Bezeichnung dieser Form verwandt worden, bezw für
Cepaea crepidostoma Sandberger, die wie ich früher
zeigte, mit rugulosa identisch ist. Er hat indessen
als Homonym in Wegfall zu kommen.

4. *Helix pachystoma*, Klein, 1853 — Jahresh. d.
Ver. f. vaterl. Naturk. in Württ. IX, p. 207,
Tab. V, Fig. 4.

non *Helix pachystoma* Hombron et Jacquinot,
1841 — Annales Sc. Nat. sér. 2, vol. XVI
(Zool.), p. 62.

= *Cepaea lepida* n. nom.

Ein Exemplar dieser Art vom Emerberg bei
Oberwilzingen wurde als Typus festgelegt und entsprechend ausgezeichnet. Coll. Wenz.

5. *Helix sylvestrina* Zieten, 1830 — Die Versteinerungen Württembergs. p. 38, Tab. XXIX,
Fig. 2.

non *Helicites sylvestrinus* Schlotheim, 1820 —
Die Petrefaktenkunde . . . p. 99.

v. Schlotheim gibt als Fundorte seiner Art:
„Buschweiler" (Buchsweiler?!), „Ermreuth im Bay-
reuthischen" und „Canton Basel (Jurakalk)" an. Es
kann seiner Beschreibung unmöglich die Steinheimer
Form zu Grunde gelegen haben Da v. Zieten seine
Art ausdrücklich auf die Schlotheimsche Form bezieht, so liegt hier ganz ohne Zweifel eine falsche
Bestimmung vor. Das hat auch bereits Schübler
in demselben Jahre festgestellt, in dem Zietens Werk
erschien. In einer briefl. Mitt. im Journal de géo-
logie II, (1830), p. 301 schreibt er: „Dans le catalogue
des fossiles de Würtemberg par le docteur Hartmann,
il me reste quelques doutes sur la détermination
de l'*Helicites sylvestrinus* . . . .". Seltsamerweise ist
diese falsche Bestimmung späterhin nicht mehr be-
anstandet worden. Was *Helicites sylvestrinus* Schlotheim selbst ist, bedarf noch eingehender Untersuchung. Für die Steinheimer Form schlage ich
den Namen :

= *Cepaea gottschicki* n. nom.

vor, zu Ehren meines l. Freundes F. Gottschick,
dem wir eine Reihe wertvoller Beiträge zur Er-

forschung der Molluskenfauna des Steinheimer Ober-
miocans verdanken. Ein Exemplar dieser Art aus
der Steinheimer Süsswasserablagerung wurde als
Typus festgelegt und entsprechend ausgezeichnet.
Coll. W. Wenz.

Clausilia Draparnand, 1805.

6. *Clausilia wetzleri* Miller, 1907 — Jahresh. d.
   Ver. f. vaterl. Naturk. in Wttbg. LXIII,
   p. 449, Textfig. 28 A—D.

   non *Clausilia (Canalicia) wetzleri* Boettger,
   1877 — Clausilienstudien. p. 82, Tab. III,
   Fig. 31.

   = *Clausilia manca* n. nom.

Cochlicopa Risso, 1826.

7. *Cionella exigua* Miller, 1907 — Jahresh. d. Ver.
   f. vaterl. Naturk. in Wttbg. LXIII, p. 446,
   Tab. VIII, Fig. 22 A, B, C.

   non *Achatina exigua* Menke, 1830 — Synopsis
   meth. Moll. gen. omn. et spec. Edit. II,
   p. 29 (= Cochlicopa).

   = *Cochlicopa milleri* n. nom.

Cyrtochilus Sandberger, 1874.

8. *Helix affinis* Thomae, 1845 — Jahrb. d. Nassau.
   Ver. f. Naturk. in Wiesbaden. II, p. 138.

   non *Helix affinis* Gmelin, 1791 — Linnaeus
   Syst. nat. ed. XIII, vol. I, part. 6, p. 3621,
   Nr. 161 (= Chilotrema lapicida [L.]).
   Es hat infolgedessen das Synonym:

   = *Cyrtochilus expansilabris* (Sandberger).

   Helix (Crena) expansilabris Sandberger, 1852 —
   D. Conch. d. Mainzer Tertiär-Beckens, p. 17,
   Tab. II, Fig. 12, an die Stelle des Thomaeschen
   Namens zu treten.

Ericia Moquin-Tandon, 1848.

9. *Cyclostoma bisulcatum* Gaal, 1911 — Mitt. a. d.
   Jahrb. d. k. ungar. geol. Reichsanst. XVIII,
   p. 45, Tab. II, Fig. 1.

non *Cyclostoma bisulcatum* Zieten, 1830 —
Die Versteinerungen Württembergs, p. 40,
Tab. XXX, Fig. 6.
= *Erica gaali* n. nom.
    Vielleicht nur eine Var. von E. kochi Gaál — l.
    c. p. 46, tab. II, fig. 3.

Helicodonta Férussac, 1819.

10. *Helix (Tectula) nummulina* Mayer-Eymar emend
    Sandberger, 1874 — Die Land- und Süßw.-
    Conch. d. Vorwelt. p. 588.
    non *Helix nummulina* A. Braun in Walchner,
    1851 — Handb. d. Geogn. p. 1138 (=
    phacodes Tho.).
    = *Helicodonta (Caracollina) disciformis* n. nom.

Hydrobia Hartmann, 1821.

11. *Paludina affinis* Serres, 1818 — Journ. de Phys.
    vol. 87, p. 162.
    non *Paludina affinis* Férussac, 1812 — Ann.
    du Mus. vol. 29, p. 253.
    = *Hydrobia serresi* n. nom.
12. *Hydrobia ? incerta* Brusina, 1897 — Mat. pour
    la faune malac. néog. de la Dalmatie.
    p. 20, Tab. IX, Fig. 34—35.
    non *Rissoa incerta* Deshayes, 1861 — Descr.
    anim. s. vertébres Bassin Paris II, p. 110,
    VIII, Fig. 22).
    Tab. XXIII, Fig. 28—30 (= *Hydrobia [Hy-
    drobia] incerta* Cossmann 1888 — Cat. ill.
    coq. foss. Eoc. env. Paris III, p. 216, Tab.
    Fig. 22).
    = *Hydrobia brusinai* n. nom.
13. *Hydrobia (Paludestrina) tournoueri* Hermite,
    1879 — Etudes géol. s. l. Iles Baléares.
    p. 273, 320, Tab. V, Fig. 15—16.
    non *Hydrobia tournoueri* Mayer-Eymar emend.
    Sandberger, 1874 — Die Land- und Süß-
    wasser-Conch. d. Vorwelt. p. 522, Tab.
    XXVI, Fig. 7.
    = *Hydrobia hermitei* n. nom.

Ischurostoma, Bourguignat, 1874.

14. *Hybocystis filholi* Bourguignet emend. Filhol,
    1877 — Rech. s. l. Phosphorites du Quercy.
    p. 506, Tab.-Fig. 10—11 (= Ischuro-
    stoma).
    non *Ischurostoma filholi* Bourguignat, 1874
    — Note coq. foss. Tarn-et-Gerronne. —
    Filhol, l. c. 1877, p. 504, Tab.-Fig. 16.
    Da beide Formen zur selben Gattung gehören
    mus der erstere Namen ersetzt werden:
    = *Ischurostoma gallicum* n. nom.

Melanopsis Férussac, 1823.

15. *Melanopsis (Melanopsis) acuminata* Pallary,
    1901 — Mém. Soc. géol. France. Pal. ns.
    22, p. 178, Tab. II, Fig. 23.
    non *Melanopsis acuminata* Gümbel, 1861 —
    Geogn. Beschr. beyr. Alpengeb. p. 753 etc.
    (= M. hantkeni Hofmann).
    = Melanopsis pallaryi n. nom.
16. *Melanopsis (Canthidomus) nodosa* Doncieux,
    1908 — Ann. Univ. Lyon. N. S. I, fasc. 22,
    p. 204, Tab. XI, Fig. 11.
    non *Melanopsis nodosa* Férussac, 1823 —
    Monogr. du genre Melanopsis. p. 13.
    = *Melanopsis albasensis* n. nom.
17. *Melanopsis sinzowi* Lörenthey, 1902 — Palaeon-
    tographica XLVIII. p. 213, Tab. XVII,
    Fig. 31—32.
    non *Melanopsis sinzowi* Brusina, 1885 — Verh.
    k. k. geol. Reichsamt 1885, p. 160.
    = *Melanopsis tinnyensis* n. nom.

Micromelania Brusina, 1874.

18. *Melania elegans* Fuchs, 1877 — Denkschr. d. k.
    Ak. d. W. Wien. M. N. Cl. II, p. 15,
    Tab. II, Fig. 30—32.
    non *Melania elegans* Mayer - Eymar emend.
    Gümbel, 1861 — Geogn. Beschr. bayr.
    Alpengeb., p. 641, 675.
    = *Micromelana graeca* n. nom.

Patula Held, 1837.

19. *Helix (Patula) sepulta* White, 1882 — Proc. U. S.
Nat. Mus. III, p. 160.
non *Helix sepulta* Michelotti, 1840 — Annali
d. Sc. del Regno Lombardo-Veneto X, p. 137,
(Cepaea).
= *Patula whitei* n. nom.

Planorbis [Guettard, 1756] Müller, 1774.

20. *Planorbis striatus* Brusina, 1878 — Journ. de
Conch. XXVI, p. 354—1897, Mat. pour la
faune malac. néog. de la Dalmatie. p. 5,
Tab. III, Fig. 1—3.
non *Planorbis striatus* Serres, 1853 — Revue
et Mag. de Zool. (2) V, p. 560.
= *Gyraulus multicingulatus* n. nom.

21. *Planorbis submarginatus* P. Fischer, 1866 — in
Tchihatcheff, Asie mineure IV, pag. 337,
Tab. VI, Fig. 11.
non *Planorbis submarginatus* Jan in Porro,
1838 — Malac. terr. et fluv. prov. Comasca.
p. 85.
= *Planorbis fischeri* n. nom.

22. *Planorbis (Gyraulus) tenuistriatus* Lörenthey,
1906 — Result. d. wiss. Erf. d. Balaton-
sees I, 1, p. 110, **Tab.** III, Fig. 15.
non *Planorbis tenuistriatus* Gorjanovic-Kram-
berger, 1899 — Jahrb. k. k. geol. Reichsanst.
XLIX, p. 129, Tab. V, Fig. 7.
= *Gyraulus oecsensis* n. nom.

Pseudamnicola Paulucci, 1878.

23. *Hydrobia (Paludina) immutata* Capellini, 1880
— Atti R. Acc. Lincei. Mem. (3) V, p. 421,
Tab. IX, Fig. 20—21.
non *Paludina immutata* Hoernes, 1856 — Die
foss. Moll. d. Tertiärb. von Wien I, p. 587,
Tab. 47, Fig. 23 (= Pseudannicola).
= *Pseudamnicola ultramontana* n. nom.

Pyrgula Cristoforo et Jan, 1832.

24. *Hydrobia incerta* Capellini, 1880 — Atti R. Acc.
Lincei Mem. (3) V, p. 412, Tab. V, Fig.
13—16.
non *Rissoa incerta* Deshayes, 1861 — Descr.
Anim. s. vertèbres Bassin Paris II, p. 410,
Tab. XXIII, Fig. 28—30. (Hydrobia incerta
Cossmann, 1888 s. o.).
= *Pyrgula capellinii* n. nom.

Theodoxis Montfort, 1810.

25. *Theodoxia ferussaci* Mayer-Eymar emend. Lo-
card, 1893 — Mém. Soc. Palaont. Suisse
XIX, p. 228, Tab. XI, Fig. 10.
non *Neritina ferrussaci* Recluz, 1850 — Journ.
de Conch. I, p. 154 (= Theodoxis).
= *Theodoxis helvetica* n. nom.

26. *Neritina callifera* Sandberger, 1861 — Die
Conch. d. Mainzer Tert.-Beckens, p. 155,
Tab. VII, Fig. 12—12 c.
non *Neritina callifera* Sowerby, 1824 — Genera
of recent and fossil Shells. Tab.-Fig. 7 (=
globulus Fér.).
= *Theodoxis hassiaca* n. nom. .
Ein Exemplar dieser Art aus dem Corbicula-
schichten von Frankfurt a. M. wurde als Typus festgelegt und entsprechend ausgezeichnet. Coll. W.
Wenz.

Vallonia Risso, 1826.

27. *Vallonia subpulchella* Pallary, 1901 — Mém. Soc.
Géol. France Pal. No. 22, p. 107, Tab. I,
Fig. 7.
non *Helix (Vallonia) subpulchella* Sandberger,
1874 — Die Land- und Süßw.-Conch. d.
Vorwelt, p. 544, Tab. XXIX, Fig. 3.
= *Vallonia pallaryi* n. nom.

Viviparus Montfort, 1810,

28. *Vivipara fuchsi* Pantanelli, 1879 — Atti R. Acc.
Lincei. Mem. (3) III, p. 314, Tab. II,
Fig. 13.

non *Vivipara fuchsi* Neumayr, 1872 — Verh. d.
k. k. geol. Reichsanst. 1872, p. 69.
= *Viviparus pantanellii* n. nom.

29. *Paludina intermedia* Deshayes, 1862 — Descr.
Anim. s. vert. Bassin Paris II, p. 482,
Tab. XXXII, Fig. 10—12.
non *Paludina intermedia* Melleville, 1843 —
Ann. Sc. géol. II, p. 96, Tab. IV, Fig. 4—6
(= Bythinella).
= *Viviparus oulchyensis* n. nom.

30. *Paludina varicosa* Bronn emend. Krauss, 1852 —
Jahresh. d. Ver. f. vaterl. Naturk. in
Wttbg. VIII, p. 139, Tab. III, Fig. 2.
non *Paludina varicosa* Orbigny, 1837 — Mag.
de Zool. I, Tab. 79, Fig. 1—3 n. nom.
de Zool. I, Tab. 79, Fig. 1—3.
= *Viviparus suevicus* n. nom.

> Ein Exemplar dieser Art aus der Brackwasser-
> molasse von Kirchberg a. Iller wurde als Typus
> festgelegt und entsprechend ausgezeichnet. Coll.
> W. Wenz.

Zur Systematik tertiärer Land= und Süßwasser-gastropoden.

Von

W. Wenz.

I.

1. Zu den Gruppen der Landschnecken, die im europäischen Tertiär eine bedeutend reichere Entwicklung und Gliederung zeigen als heute, gehörte die Familie der Zonitiden. Neben den noch heute lebenden Gattungen treten hier besonders eine Reihe größerer Formen auf, die früher von Sandberger u. a. unter dem Sammelbegriff Nanina beschrieben worden sind, aber eine Aufspaltung in eine Anzahl von Gattungen erfordern. Es ist dies zum Teil bereits geschehen, und so sind die Gattungen *Archaeoplecta* Gude 1911 (mit *A. lapidaria* Tho. als Typ.), *Archaeoxesta* Kobelt, 1909 (*A. pelecystoma* Neuenhaus),

Grandipatula Cossmann 1889 (*G. hemisphaerica*
[Mich.]), *Archaegopis* Wenz 1914 (*A. discus* [Tho.])
entstanden. Letzterer Gruppe, die zunächst als Subgenus zu *Zonites* gedacht war, wird man wohl auch am
besten generischen Charakter verleihen. Eine weitere
gut umschriebene Gruppe bilden die großen, enggе-
nabelten Formen, als deren Typus *occlusa* Edw. gelten
mag und für die ich ihrer äußeren Aehnlichkeit mit
manchen Xestinaarten den Namen *Palaeoxestina* vorschlage.

P a l a e o x e s t i n a n. g.

Gehäuse groß, flach, kegelförmig, unten wenig
gewölbt, fast flach, fein stichförmig (bedeckt) genabelt. Die 5—6 abgeflachten Umgänge sind durch
flache Nähte getrennt und zeigen ungleich starke,
meist feine Anwachsstreifen. Mündung mondförmig,
schief gestellt; Mundsaum scharf, am Spindelrand
umgeschlagen.

Genotyp: *Palaeoxestina occlusa* (Edwards),
Arten: *P. serpentinites* (Boubée = *intricata* (Nou-
let), *P. koechlini* (Andreae) usw.

2. Gelegentlich der Beschreibung einer neuen
Grandipatula (Centralbl. f. Min. etc. 1918, p. 166)
stellt Jooss diese Gruppe als Untergattung zu *Zonites*.
An der Stellung dieser Gruppe bei den Zonitiden ist
wohl kaum ein Zweifel möglich; doch möchte ich ihr
eine mehr selbständige Stellung zuerkennen und als
besondere Gattung auffassen.

Zu *Grandipatula* stellt Jooss auch *umbilicalis*
Desh. aus dem M. Miocän Südost-Frankreichs. Indessen sind die Abweichungen von der ziemlich ge-
schlossenen Gruppe der Grandipatula bei dieser Form
doch so beträchtlich, daß es sich empfiehlt, sie mindestens subgenerisch davon zu trennen:

M a c r o z o n i t e s n. sg.

Gehäuse groß, gedrückt-kugelig, weit und per-
spektivisch genabelt, Unterseite flacher, mit stumpfer
Kante um den Nabel. Etwa 5 Umgänge, durch tiefe
Nähte getrennt. Sie tragen unregelmäßige, runzelige,

zum Teil dichotome, stark gebogene Querrippchen, die von feinen Längsfurchen durchsetzt werden. Mündung schief, abgestutzt-eiförmig; wenig erweitert; Mundsaum scharf.

Genotyp: *Grandipatula (Macrozonites) umbilicalis* (Deshayes).

Vermutlich gehört auch *colonjoni* Michaud aus dem Mittelpliocän von Hauterive hierher.

3. Während sich die jüngeren Vitrinen vom Oberoligocän ab im allgemeinen gut in die beiden Subgenera *Vitrina* und *Semilimax* der Gattung *Vitrina* einreihen lassen, macht die unterpaleocäne *V. rillyensis* hierin eine Ausnahme und erfordert ein eigenes Subgenus.

Provitrina n. subg.

Gehäuse gedrückt-kugelig, ungenabelt. Umgänge 4, einander zum Teil umfassend, glatt, glänzend, durch sehr feine Nähte getrennt. Mündung halbmondförmig, Mundsaum scharf.

Genotyp: *Vitrina (Provitrina) rillyensis* (Boissy.).

4. Eine isolierte Stellung hinsichtlich der Größe und Schalenform nimmt innerhalb der fossilen Formen der Gattung Gonyodiscus die Gruppe der *G. falciferus* (Boettger), *frici* (Klika), *mamillata* (Andreae) und *orbicularis* (Klein) ein, für die ein neues Subgenus zu errichten wäre. Diese Formen gehören aber ganz ohne Zweifel der Gruppe des lebenden *G. balmei* Potiez et Michaud) (= *flavidus* Ziegl.) an und es scheint mir daher ratsamer, auf diese lebende Form das Subgenus zu gründen, da hier auch die anatomischen Unterschiede mit herangezogen werden können. Für die Abtrennung dieser Gruppe von den übrigen Formen hat sich bereits Kobelt ausgesprochen und auch Herr P. Hesse, mit dem ich wegen dieser Frage in Verbindung trat, hat sich zustimmend geäußert.

Pleurodiscus n. sg.

Von Gonyodiscus typ. durch die bedeutendere Größe (etwa 10 mm) unterschieden. Gehäuse flach, offen und perspektivisch genabelt. Die 6 langsam

zunehmenden Umgänge sind mit zahlreichen dicht-
gestellten Rippenstreifen versehen. Mündung mondförmig, scharf.

Genotyp: *Gonyodiscus (Pleurodiscus) balmei*
(Portiez et Michaud).

Lebende Arten: *sudensis* (Pfeiffer), *erdeli*
(Roth).

Fossile Arten: *falciferus* (Boettger), *frici*
(Klika), *mamillata* (Andreae), *orbicularis* (Klein),
(? = *falciferus*).

Ueber die anatomischen Unterschiede dieser
Gruppe wissen wir leider nur das wenige, was Pilsbry
(Man. of. Conch. IX, p. 46/47 darüber mitteilt. Der
Kiefer (Taf. XV, Fig. 2), der wie bei den typischen
Gonyodiscusarten deutlich eng gestreift ist, weicht in-
sofern davon ab. als es nicht völlig verfestigt ist, son-
dern die Ränder der Teilplättchen etwas freiliegen. Die
Randzähne der Radula gleichen nach Pilsbry denen bei
Planogyra asteriscus.

Einheimische Mollusken als Speise.

Von

Heinrich Ankert, Leitmeritz.

Kürzlich erwähnte ich in diesen Blättern, daß bei
uns in Nordböhmen von einheimischen Mollusken nur
die Weinbergschnecke (*Helix pomatia* L.) zum mensch-
lichen Genusse verwendet wird und zwar dies nur im
eingedeckelten Zustande zur Winterzeit. Das ist im
Augenblick anders geworden.

Die zahlreichen Weinbergschnecken, die die Ge-
büsche der „Sauwiese" bei Leitmeritz bevölkerten
und ihr Leben ungestört verbrachten, haben nunmehr,
wie die Elbmuscheln, die bisher bei uns nur zum
Füttern der Enten und Gänse verwendet wurden, ihre
Liebhaber gefunden. An der genannten „Sauwiese"
liegt in der Elbe ein .großer Kahn, der den .beim
Baue eines zweiten Geleises der österreichischen Nord-
westbahn beschäftigten Italienern zur Wohnung dient.

Diesen Italiénern sind unsere Mollusken wahre Leckerbissen. Sie sammeln mit Eifer alle herumkriechenden Schnecken, durchsuchen die seichten Stellen des Elbstromes nach Muscheln, kochen dieselben mit der Suppe in ihren Kesseln und verzehren alles mit bestem Appetit. Doch auch in rohem Zustande verschmähen sie nicht dieses Getier.

Bei ihrem Kochplatze vor ihrem Wohnkahne hat sich bereits ein ganz ansehnlicher „Kjokkenmödding" gebildet. In demselben fand ich Reste der Weinbergschnecke (*Helix pomatia* L.), der *Cepaea austriaca* Mühlf., vereinzelt Gehäuse der *Cepaea hortensis* Müll., besonders häufig aber Schalen der *Unio pictorum* (= *rostrata* Kok), die bei uns meist gelblich gefärbt sind, dann der *Unio crassus* Retz, der *Unio tumidus* Phl. und der *Anadonta piscinalis* Nils.

Xerophila intersecta Poir. bei Plön i. H.

Von

Ernst Schermer, Lübeck.

Von *Xerophila intersecta* Poir. sind aus Schleswig-Holstein bereits mehrere Fundorte bekannt. Zwei weitere kann ich an dieser Stelle mitteilen. Ich fand diese Art im Juli dieses Jahres in Plön hinter dem Güterbahnhof an der Lütjenburger Chaussee, wo sie sich bereits ziemlich ausgebreitet hat und häufig ist. Ich fand auch ein skalarides Stück, das noch nicht ganz ausgewachsen war. Die Höhe beträgt 14, die Breite 11 mm. — Der zweite Fundort ist der Friedhof von Bosau, südlich von Plön. Sie lebt dort unmittelbar an der Kirche.

Druckfehlerberichtigung.

Heft I, p. 14, Zeile 5 von unten statt diversidens ließ „cardiostoma".

Heft I, Seite 39, Zeile 11 von unten statt unausgewachsene ließ „ausgewachsene".

Herausgegeben von Dr. W. Wenz. — Druck von P. Hartmann in Schwanheim a M· Verlag von Moritz Diesterweg in Frankfurt a. M.

Ausgegeben: 1 April 1919.

Eingegangene Zahlungen.

Dr. Werner Blume, Altfranken b. Landshut, Mk. 10.—; — Helmuth Kolasius, Berlin, Mk. 10.— ; — L. Krause, Berlin-Lichterfelde, Mk. 10.—; — W. Päßler, Berlin, Mk. 10.—; — Geh. Regierungsrat Prof. Dr. O. Reinhardt, Berlin, Mk. 10.— ; — J. Royer, Berlin, Mk. 10.— ; Dr. Schmierer, Kgl. Bezirksgeologe, Berlin-Weidmannslust, Mk. 10.—; Dr. phil. Wagener, Berlin-Tegel, Mk. 10.—; — Ltn. d. R. Zimmermann, Berlin-Grunewald, Mk. 10.—; — J. Wertheim, Berlin-Grunewald, Mk. 10.— ; — M. Schlepmann, Bosch en Duis, Mk. 10.—; — Städt. Museum für Natur-, Völker- und Handelskunde, Bremen, Mk. 10.— ; — J. Jaeckel, Charlottenburg, Mk. 10.—; — Clemens Kleindienst, Chemnitz, Mk. 10 —: Löbbecke-Museum, Düsseldorf, Mk. 10 —; — Oberlehrer Ernst Seydel, Forst/L., Mk. 10.— ; — Ludwig Henrich, Frankfurt a. M., Mk. 10.— ; — Heinrich Roos, Frankfurt a. M., Mk. 10.—; — Lehrer G. Walter, Freiburg/Schl., Mk. 10.—; — Oberlehrer Dr. Ulrich Steusloff, Gelsenkirchen, Mk. 10 — ; — Naturhistorisches Museum, Hamburg, Mk. 10.—; — Dr. Günther Schmid, Hann.-Münden, Mk. 10.—; — Realschulassistent Georg Zwanziger, Ingolstadt, Mk. 10. - ; — K. Pfeiffer, Kassel, Mk. 10.—!; — cand, geol. R. Wohlstadt, Kiel, Mk. 10.—; — Bernh. Liedtke, Königsberg/Pr., Mk. 10.— ; — Kgl. Kreisarzt Dr. Pfeffer, Königsberg/Nm., Mk. 10.— ; — Herm. Bruckner, Coburg, Naturhistorisches Museum, Mk. 10.—; — C M Steenberg, Kgl. Sternwarte, Kopenhagen, Mk. 10.—; — Carl Schwefel, Cüstrin, Mk. 10.—; — S. Rijks Museum vom Naturlijke Historie, Leiden, Mk. 10.—; — cand. geol. F. H. Peisker, Leipzig, Mk. 10.—; — Richard Pfalz, Leipzig-Reudnitz, Mk 10.—; — Lehrer Th. Crecelius, Lonsheim b. Alzey, Mk. 10.—; — Lehrer E. Schermer, Lübeck, Mk. 10 —; — stud. phil. Hans Lohmander, Lund i. Schweden, Mk. 10.—; — Museum für Natur- und Heimatkunde, Magdeburg, Mk. 10.—; — Pfarrer julius Seidler, Meiningen, Mk. 10.—; — Professor Dr. Gudden, München, Mk. 20.— ; — Frau Luise Schröder, München, Mk. 10.- ; — Alois We e , München, Mk. 10.—; — P. Hesse, Oberzwehren, Mk. 10. - b + P. Nielsen, Silkeborg, Mk 10.—; — Oberförster Gottschick, Steinheim Wttbg., Mk. 10.— ; — Mittelschullehrer David Geyer, Stuttgart, Mk. 10.—; — Professor Konrad Miller, Stuttgart, Mk. 10.—; — K. Naturaliensammlung, Stuttgart, Mk. 10.—; — Professor Dr. H. Zwiesele, Stuttgart, Mk. 20.—; — Professor K. Schmalz, Templin, Mk. 10.—; — Museum, Tromsö, Mk. 10.—; — Oberlehrer Friedrich Borcherding, Vegesack, Mk. 10.—; — Dr Rud. Sturany, Wien, Mk. 10.—; — Naturhistorisches Museum, Wien, Mk. 10.—; — Zool. Laboratorium der Universität, Zürich, Mk. 10.—; — Professor Dr. B. Stoll, Zürich, Mk. 10 —; — Stabsarzt Dr. Büttner, Zwickau, Mk. 10.--.

Heft III. (Juli—September.)

Nachrichtsblatt

der Deutschen

Malakozoologischen Gesellschaft

Begründet von Prof. Dr. W. Kobelt.

Einundfünfzigster Jahrgang (1919).

Das Nachrichtsblatt erscheint in vierteljährlichen Heften.
Bezugspreis: Mk. 10.—.
Frei durch die Post und Buchhandlungen im In- und Ausland.
Preis der einspaltigen 95 mm breiten Anzeigenzeile 50 Pfg.
Beilagen Mk. 10.— für die Gesamtauflage.

Briefe wissenschaftlichen Inhalts, wie Manuskripte usw. gehen an die Redaktion: Herrn Dr. W. Wenz, Frankfurt a. M., Gwinnerstr 19
Bestellungen, Zahlungen, Mitteilungen, Beitrittserklärungen, Anzeigenaufträge usw. an die Verlagsbuchhandlung von Moritz Diesterweg in Frankfurt a. M.
Ueber den Bezug der älteren Jahrgänge siehe Anzeige auf dem Umschlag.

Inhalt:

Geschäftliche Mitteilungen.

Um den Satz zu erleichtern und Verbesserungen zu vermeiden, werden die Verfasser gebeten, folgende Zeichen in der Niederschrift zu verwenden:

Verfassernamen 〜〜〜〜 grosse Buchstaben.
Artnamen — — — Schiefdruck.
Wichtige Dinge ———— gesperrt.
Überschriften ===== fett.

Tauschverbindung.

Mit einer Revision der schwedischen Vertreter einiger Gastropodengattungen (Vertigo, Planorbis, Fruticicola u. a.) beschäftigt, suche ich um Vergleichungsmaterial zu bekommen mit deutschem Malakologen Verbindung.

Hans Lohmander,
Lund, Magnus Steuboeksgatan 4.

Eingegangene Zahlungen.

Dr. E. Paravicini, Basel, Mk. 10.—; — Zoologisches Museum, Berlin, Mk. 10.—; — Naturhistorisches Institut „Kosmos", Berlin Mk. 10.—; — Zoologisches Institut der Universität Breslau, Mk. 10.—; Lehrer Eugen Müller, Grätz, Bez. Posen, Mk. 10.—; — Lehrer E. Schermer, Lübeck, Mk. 10.—; — Naturhistorisches Museum, Mainz, Mk. 10.—; — Jakob Zinndorf, Offenbach a. M., Mk. 10.—; — Professor Konrad Miller, Stuttgart, Mk. 10.—; — Ludwig Kuscer, Wien, Mk. 20.—.

Veränderte Anschriften.

Herr Ingenieur Arnold Tetens, früher Freiburg i. Br., wohnt jetzt in Döbern/Niederlausitz, Grube Providentia; Herr Dr. phil. Günther Schmid, früher in Hann. Münden, wohnt jetzt in Jena, Botanisches Institut; Herr cand. geol. R. Wahlstadt, früher in Kiel, wohnt jetzt in Hamburg, Mineralogisch-geologisches Institut, Lübeckerstrasse; Herr Realschulassistent Zwanziger, früher Ingolstadt, wohnt jetzt in München, Hedwigstrasse 11.

Heft 3.   Juni 1919.

Nachrichtsblatt
der Deutschen
Malakozoologischen Gesellschaft.
Begründet von Prof. Dr. W. Kobelt.

Einundfünfzigster Jahrgang.

Zum Gedächtnis Eduard Merkels.
Von
Professor Dr. Ferdinand Pax (Breslau).

Am 10. Januar ds. Js. ist der schlesischen
Faunistik einer ihrer Archegeten entrissen worden. Eduard Merkel, der erfolgreiche Erforscher
der heimischen Mollusken, weilt nicht mehr unter
den Lebenden. Nach jahrelanger Krankheit, die
den stets Schaffensfrohen oft zu verhaßter Un-
tätigkeit zwang, hat der Tod ihn von seinen
Leiden erlöst.

Als Sohn eines Unteroffiziers und späteren
Zolleinnehmers wurde Eduard Merkel am 18. Juni
1840 zu Schweidnitz geboren. Bis zum neunten
Lebensjahre wuchs er im Schoße seiner Familie
heran. Dann starb der Vater, und die weitere
Erziehung des Knaben übernahm das Militär-
waisenhaus in Potsdam. Nach sechs Jahren kehrte
er in das Haus seiner Mutter zurück, die inzwischen nach Landeck übergesiedelt war. Hier

bereitete er sich selbständig auf den Lehrerberuf vor, bestand 1861 die erste und zweite Prüfung und wurde bald darauf als Lehrer in Wildbahn bei Militsch angestellt. 1865 wurde er nach Breslau versetzt, wo er anfänglich an einer Volksschule, später als Vorschullehrer am Realgymnasium zum Heiligen Geist tätig war. Als Pädagoge von großem Geschick wird er von seinem Fachgenossen gerühmt, mit schwärmerischer Verehrung aber hingen an ihm die zahlreichen Schülergenerationen, die im Laufe der Jahre unter seiner Obhut heranwuchsen. Im Alter von siebzig Jahren trat Merkel in den Ruhestand und widmete sich von nun an ausschließlich seinen naturwissenschaftlichen Studien.

Schon frühzeitig regten sich biologische Neigungen in dem Knaben, dem die Natur neben einer unverwüstlichen Arbeitskraft als schönste Mitgift des zukünftigen Forschers eine Beobachtungsgabe von erstaunlicher Schärfe in die Wiege gelegt hatte. Wie in seinem Lehramt war Merkel auch als Naturforscher Autodidakt. Um so größere Bewunderung verdient die Vielseitigkeit seiner wissenschaftlichen Bildung. Mit der geologischen Entwicklungsgeschichte seiner Heimat war er wohl vertraut, ornithologischen und entomologischen Problemen brachte er lebhaftes Interesse entgegen, die Botaniker schätzten in ihm den gründlichen Kenner der schlesischen Hieracien. In weiteren Kreisen ist er besonders als der Verfasser der „Molluskenfauna von Schlesien" bekannt geworden, die er 1894 mit Unterstützung der Schlesischen Gesellschaft für vaterländische Kultur veröffentlichte. Als Vorarbeit zu diesem grundlegenden Werke erschien 1883 seine Studie über die Molluskenfauna des Zobtengebirges, einer der malakozoologisch interessantesten

Teile Schlesiens. Trotz seiner geringen Höhe (718 m)
beherbergt der Zobten eine ausgesprochen montane
Fauna, als deren bemerkenswerteste Vertreter Helix
holosericea, Pupa alpestris, Clausilia filograna und
Clausilia commutata genannt seien. Als Schnittpunkt
der Verbreitungsgrenzen von Mollusken verschiedener
Provenienz beansprucht dieses zwischen Lohe und
Weistritz gelegene Bergland das besondere Interesse
des Tiergeographen. So erreicht, um nur ein Beispiel
zu erwähnen, Helix carpatica im Zobtengebirge den
nördlichsten Punkt ihrer Verbreitung in Schlesien.
Schon vor 25 Jahren hat Merkel darauf hingewiesen,
daß der interessanteste Bewohner des Zobtengipfels,
die vom Hauptlehrer Stütze in den fünfziger Jahren
an diesem Standort entdeckte Patula solaria, zweifellos
einer der wenigen lebenden Vertreter der präglazialen
Tierbevölkerung Schlesiens sei, ohne indessen zu erörtern, inwieweit diese Hypothese mit den damals
herrschenden Anschauungen der Glazialgeologie in
Einklang zu bringen war. Erst sehr viel später hat
Merkels Auffassung durch die geologischen Untersuchungen von Geheimrat Frech eine Bestätigung
erfahren. Nach Frech betrug die Decke des Inland-
eises auch zur Höhe der Glazialzeit nicht mehr als
200 m, und die Spitze des Zobten ragte dauernd als
eisfreier Nunatak über die Eisdecke empor. Infolgedessen weist der dem Einflusse des Spaltenfrosts aus-
gesetzte Gipfel wesentlich steilere Hänge auf als die
Mitte und der Fuß des Berges.

Von entscheidendem Einfluß für Merkels Auffassung der Molluskenfauna der Ostsudeten war eine
Exkursion, die er 1885 in Begleitung mehrerer Botaniker in die Hohe Tatra und die Liptauer Alpen unter-
nahm und über die er selbst im Nachrichtsblatt der

Deutschen malakozoologischen Gesellschaft berichtet
hat. Auf dieser Reise lernte er auch zum ersten Male
den wundervollen kobaltblauen Limax schwabi lebend
kennen, den er später auf schlesischem Boden wiederholt am Glatzer Schneeberge, seinem einzigen deutschen Standort, gesammelt hat.

Der bedeutendste Vorläufer Merkels in der Erforschung der schlesischen Mollusken war der Breslauer Arzt Dr. H. Scholtz, der 1843 eine Aufzählung
aller bis dahin in Schlesien gefundenen Weichtiere
gab. Die Kritik dieser Schrift und eine damit verbundene Revision der inzwischen in den Besitz des
Breslauer Zoologischen Museums übergegangenen
Scholtzschen Sammlung war die nächste Arbeit, die
Merkel in Angriff nahm. Die Ergebnisse seiner Untersuchungen legte er in einem Aufsatz nieder, der unter
dem Titel „Die Kenntnis der Molluskenfauna Schlesiens" 1889 im Jahrbuch der Deutschen malakozoologischen Gesellschaft erschien.

Die folgenden Jahre verwandte Merkel auf die
Ausarbeitung seiner Molluskenfauna von Schlesien, die
nicht nur ein sicheres Fundament für alle späteren
Bearbeiter der schlesischen Mollusken bildete, sondern
in Ermangelung anderer Vorarbeiten auch von den
polnischen Faunisten[1]) gern als zuverlässiger Ratgeber
benutzt wurde. Durch die Verknüpfung faunistischer
und paläontologischer Befunde hat Merkel in diesem
Werk die Grundzüge in der Entwicklungsgeschichte
der schlesischen Tierwelt festgelegt. Dadurch, daß er
außer Ratschlägen für die Sammeltätigkeit Bestim-
mungstabellen der schlesischen Arten in sein Buch

---

[1]) Vergl. hierzu F. Pax, der gegenwärtige Stand der zoologischen Erforschung Polens, in: Zeitschr. Deutsch. Gesellsch.
Kunst und Wissensch. Posen, 25. Jahrg. 1918.

aufnahm, erscheint dieses auch für Anfänger zur Einführung in die Molluskenkunde durchaus geeignet.
Sein wissenschaftlicher Wert ruht vor allem darin,
daß es keineswegs eine Kompilation darstellt, sondern
sich größtenteils auf Autopsie gründet. Fast alle
Fundorte seltener Arten hat Merkel selbst aufgesucht;
seine Schilderungen der Standortsverhältnisse, wie z.
B. die Beschreibung des Juppelbaches bei Wiedenau,
des einzigen Wasserlaufs der Sudeten, in dem heut-
zutage noch die Perlmuschel vorkommt, können als
Muster faunistischer Berichterstattung gelten.

Fast vier Jahrzehnte lang ist Merkel der erfolg-
reichste Pfleger der Molluskenkunde in Schlesien gewesen und hat auf die Erforschung dieser Provinz den
größten Einfluß ausgeübt. Thamm, Jetschin, Sprick,
Franz, Schimmel u. a. empfingen durch ihn Anregungen.
Fast alle schlesischen Faunisten der neueren Zeit haben
ihn in malakozoologischen Fragen zu Rate gezogen.
Wie er in den neunziger Jahren des vorigen Jahrhun-
derts Zacharias bei seinen Untersuchungen unterstützte,
so rührt auch die Bestimmung der Arten, die den
von Gürich beschriebenen interglazialen Schnecken-
mergel von Ingramsdorf zusammensetzen, von ihm her.
Frei von jeder Prioritätshascherei und dem Ehrgeiz,
seinen Namen hinter möglichst zahlreiche Tierarten
als Autor zu setzen, diente er selbstlos nur dem Fort-
schritt der Wissenschaft. Die Vorträge, die er in den
Sitzungen der Schlesischen Gesellschaft für vaterländische Kultur und der Biologischen Gesellschaft in
Breslau hielt, zeichneten sich durch strenge Sachlich-
keit und vornehme Bescheidenheit aus, die oft wohl-
tuend gegen die Selbsteinschätzung jüngerer Fachgenossen abstachen. Obwohl selbst ein Anhänger der
Systematik hat er niemals die Wichtigkeit anderer

Forschungsrichtungen verkannt. Noch in den konchy-
liologisch-architektonischen Studien, die er kurz vor
seinem Tode veröffentlichte und in denen sich auch
Ansätze zu einer entwicklungsmechanischen Betrachtung des Schneckengehäuses finden, hat er auf die Bedeutung experimenteller Untersuchungen hingewiesen.
Lange bevor der Staat die Naturdenkmalpflege in den
Kreis seiner Aufgaben zog, ist Merkel für den Schutz
der heimischen Tierwelt eingetreten. Wiederholt hat er
daran erinnert, „daß der wahre Naturfreund stets be-
strebt sein wird, die Zahl der zu sammelnden Exemplare
nicht ins Ungemessene zu vermehren, sondern auf ein
vernünftiges Maß zu beschränken; namentlich aber
wird er bei seltenen Arten darauf bedacht sein, diese
unserer Fauna nach Möglichkeit zu erhalten". Nach
seiner Auffassung läßt sich ein ausreichender Schutz
seltener, nur auf beschränktem Areal vorkommender
Mollusken schon dadurch erreichen, daß der Sammler
alle nicht vollständig ausgewachsenen Exemplare unbedingt zurückläßt.

Seine Sammlung schlesischer Mollusken hat Merkel dem Breslauer Zoologischen Museum geschenkt,
dessen treuer Mitarbeiter er durch lange Jahre gewesen
ist . Als er die Aufstellung der einheimischen Weichtiere beendet hatte, wandte er sich dem Studium der
exotischen Mollusken zu. Welche gründlichen Kenntnisse er auch auf diesem Gebiete besaß, beweist ein
Blick auf die sorgfältig geordnete und zuverlässig bestimmte Sammlung des Breslauer Museums. Nachdem
er auch diese Aufgabe erledigt hatte, übernahm er die
Aufstellung eines Teiles der Käfersammlung. Erst als
seine Krankheit ihn am regelmäßigen Besuch des Zoologischen Museums hinderte, legte er diese Arbeit in
jüngere Hände. In der Geschichte der faunistischen

Erforschung Schlesiens wird Merkels Namen einen ehrenvollen Platz einnehmen; in unserer Erinnerung lebt er fort als ein Mann von unbestechlichem Urteil, größter Bescheidenheit und wahrer Herzensgüte, ausgestattet mit allen Charaktereigenschaften, welche die Wissenschaft von ihren Dienern fordert.

===

Zur Anatomie und Systematik der Clausiliiden.

Von

Dr. A. Wagner, in Diemlach bei Bruck (Mur).

(Fortsetzung), vgl. Heft II, S. 49—60.

Familia Clausiliidae.

Subfamilia Alopiinae.

Gehäuse rechts oder links gewunden; die Grundfarbe hornfarben bis dunkelbraun und durchscheinend mit einer milchig opaken Oberflächenschichte, welche die Oberfläche kalkartig weiß, blaugrau bis stumpfblau und undurchsichtig erscheinen läßt. Diese Oberflächenschichte ist in sehr verschiedenem Grade entwickelt; vielfach ist dieselbe nur an der Naht in der Form von Papillen oder eines hellen Nahtfadens, zuweilen auch als aufgelagerte Radialskulptur, welche sich mit den eigentlichen Zuwachsstreifen kreuzt, vorhanden.

Der Schließapparat weist alle Grade von einer obsoleten oder rudimentären bis zu einer den Verschluß des Gehäuses möglichst vollkommen bewirkenden Entwicklung auf, ebenso konnte ein bestimmter, sämtliche Gruppen dieser Subfamilie kennzeichnender Typus des Schließapparates nicht festgestellt werden.

Die primitivsten Verhältnisse, wie sie die obsoleten oder rudimentären Schließapparate der Höhen- und Küstenformen aufweisen, werden durch das fehlende oder im Verhältnis zum Lumen des Gaumens viel zu kleine Clausilium, sowie die fehlenden oder nur als kurze und niedrige Fältchen oder Knötchen angedeuteten Lamellen und Falten der Mündung gekennzeichnet.

Eine Vervollkommnung erfährt der Schließapparat zunächst dadurch, daß neben einem genügend entwickelten Clausilium die Lamellen der Mündungswand (Ober-, Unter- und Spirallamelle) zahlreiche Gaumenfalten (Spindel-, Prinzipal-, Gaumenfalten, aber keine Mondfalte) auftreten, welche zunehmend länger und leistenförmig erhoben erscheinen. Bei dem Subgenus Alopia s. str. erreichen auch die Talformen nur diesen Grad der Entwicklung des Schließapparates.

Weitere Entwicklungsformen des Schließapparates werden hier durch das Auftreten einer zunächst rudimentären, schließlich aber kräftig entwickelten Mondfalte neben den vorhergenannten Teilen des Schließapparates gekennzeichnet, mit dem Auftreten der Mondfalte verringert sich gleichzeitig die Zahl der echten Gaumenfalten, so daß schließlich nur die Prinzipalfalte übrig bleibt, während zwei neue Elemente, die Parallellamelle und eine Nahtfalte beobachtet werden. Die Platte des Clausiliums ist mehr oder weniger rinnenförmig gehöhlt, vorne ausgerandet, abgerundet oder zugespitzt. Die Talformen der Alopiinen erreichen zumeist nur diesen Entwicklungsgrad des Schließapparates, welcher infolge verschiedener Anordnung und Form der einzelnen Teile in unendlicher, aber die einzelnen Arten gut kennzeichnender Formenmannigfaltigkeit beobachtet wird. Eine wesentlich abwei-

chende, aber anscheinend sehr vollkommene Form des
Schließapparates wird durch nachstehende Verhältnisse
gekennzeichnet: Die Mondfalte und das Clausilium
sind besonders kräftig, die Spirallamelle und die echten
Gaumenfalten einschließlich der Prinzipale jedoch bis
auf Rudimente geschwunden; diese werden hier durch
zwei neue Elemente des Schließapparates, die Lamella
fulcrans und durch kurze Nahtfalten, welche sich entsprechend dem oberen Ende der Mondfalte vorfinden,
ergänzt.

Alle diese hier angeführten Verhältnisse des
Schließapparates sind wohl besonderen Gruppen der
Alopiinen eigentümlich, erscheinen jedoch bei anderen
Gruppen in auffallend übereinstimmender Anordnung
wieder, welche mit Rücksicht auf ihre sonst abwel-
chende Organisation mit Alopiinen keine nähere Verwandschaft erkennen lassen und dementsprechend
systematisch eine andere Einteilung erfordern.

Die R a d u l a fast konstant mit einspitziger Mittelplatte, welche bis jetzt nur bei zwei Formen der Gruppe
Siciliaria Vest. als undeutlich dreispitzig erkannt wurde.

S e x u a l o r g a n e : Der schlauchförmig zylindrische oder spindelförmige Penis geht hinten in ein
deutlich abgesetztes, fadenförmig dünnes und langes
Vas deferens über; am Uebergange ein rudimentäres,
zumeist nur mikroskopisch erkennbares Flagellum. Im
mittleren Drittel erscheint der Penis nach vorne um-
gebogen und in dieser Lage durch Muskeln und Bänder fixiert; an der Beugestelle inseriert ein kräftig
entwickelter, bei einigen Gruppen deutlich zweiarmiger
Musc. retractor penis, welcher andererseits zum Diaphragma verläuft: dieser hinter der Insertion des
Muskels gelegene Teil des Penis kennzeichnet sich
durch seine histologische Struktur als Epiphallus. Ein

blindsackartiges Divertikel ist vor der Insertion des Muskels am Penis bei einzelnen Gruppen konstant vorhanden. Das Divertikel des Blasenstiels ist stets kräftig entwickelt, bei einigen Gruppen konstant kürzer als der Blasenstiel, aber wenig dünner, bei anderen viel länger, aber wesentlich dünner.

Der den Sexualorganen benachbarte Retraktor des Augenträgers verläuft konstant zwischen Penis und Vagina.

Verbreitungsgebiet: Süd- und Ostalpen, Apenninen, Ostkarpathen, Balkanhalbinsel ausschließlich des Südostens, Sizilien, Malta, Algier, Tunis, Kreta mit den ägäischen Inseln, die kleinasiatische Südwestküste, Cypern und Syrien.

Genus Alopia ex. rect. mea.

Gehäuse rechts und links gewunden, niemals dekollierend, mit einer opaken Oberflächenschichte, welche die Grundfarbe mehr oder minder verdeckt. Der Schließapparat bei Höhenformen rudimentär bis obsolet, bei Talformen vollkommen entwickelt. Die Lamellen und Falten stellen erhobene, scharfe Leisten dar. Die Höhenformen weisen anstatt der fehlenden Mondfalte neben der Prinzipalfalte 1 bis 4 Gaumenfalten auf; bei Talformen sind neben einer mittellangen Prinzipalfalte nur zwei Gaumenfalten vorhanden (die oberste Gaumenfalte und die Basalfalte), diese werden durch eine annähernd senkrechte oder nur wenig schiefe Leiste, die Mondfalte verbunden und sind mit dieser verschmolzen. Eine Nahtfalte ist selten entwickelt. Das nur bei wenigen Höhenformen vollkommen fehlende Clausilium ist sonst in verschiedenem Grade entwickelt, schmal stielförmig, kaum spiral gedreht oder rinnenförmig gehöhlt mit vorne tief ausgerandeter und zweilappiger Platte.

Die Radula mit einspitziger Mittelplatte.

Sexualorgane: Der Penis ohne oder mit kurzem, höchstens mittellangem, schlauchförmigem Divertikel und stets einarmigem Musc. retractor penis. Das Divertikel des Blasenstiels ist kürzer oder so lang wie der Blasenstiel, aber zumindest ebenso dick.

Im Gegensatze zu meinen früheren Publikationen vereinige ich heute in dem Genus Alopia (erweitert) nur die früheren Gruppen Alopia Ad. und Herilla Bttg., da die einzelnen Formen derselben zueinander eine wesentlich nähere Verwandtschaft erkennen lassen, als sie zu den übrigen besteht, und dieses Verhältnis auch unter den Gruppen *Albinaria* Vest, *Agathylla* Vest, *Medora* Vest, *Cristataria* Vest besteht; bemerkenswert erscheint, daß die Formen dieser Gruppen Küstengebirge und Inseln bewohnen, die Alopien ausschließlich auf das Binnenland beschränkt sind.

Subgenus Alopia (H. et A. Adams) s. str.

Gehäuse rechts oder links gewunden, einzelne Arten mit beiden Windungsrichtungen.

Die opake Oberflächenschichte ist immer vorhanden und besonders bei Höhenformen gut entwickelt, welchen sie in Verbindung mit der gelblichen bis rötbraunen Grundfarbe eine blaue bis blaugraue Färbung verleiht; bei Talformen erscheint die opake Oberflächenschichte oft auf einen hellen Nahtfaden und solche Papillen reduziert. Die Skulptur besteht vielfach nur aus einigen Nackenfalten, doch sind mitunter auch feine Rippenstreifen oder kräftige und nahezu flügelartige Rippen vorhanden, welche dem Gehäuse ein zierliches Aussehen verleihen und manche Autoren veranlaßt haben, solche Formen in der Bezeichnung etwas auffallend zu verherrlichen. Der Schließapparat ist immer unvollkommen, bei Höhenformen rudimentär bis obsolet, und auch bei Talformen stets ohne Mondfalte, welche hier durch einige Gaumenfalten (1—4) neben der mittellangen Prinzipalfalte ersetzt wird. Das Clausilium fehlt bei einzelnen Formen vollkommen, oder dasselbe weist verschiedene Grade der Entwicklung auf, ist aber immer wenig spiral gedreht, die Platte schmal, kaum rinnenförmig gehöhlt und vorne immer deutlich ausgerandet.

Die R a d u l a stets mit einspitziger Mittelplatte.

S e x u a l o r g a n e : Das blindsackartige Divertikel des Penis fehlt bei einigen Höhenformen vollkommen oder ist nur durch eine einseitige Anschwellung angedeutet; bei Talformen ist dasselbe deutlich, aber immer kurz; ein rudimentäres Flagellum am Uebergange in das Vas deferens ist hier konstant vorhanden. Der Musc. retractor penis ist kurz bis mittellang und einfach; das Divertikel des Blasenstiels ist zumeist kürzer, aber oft dicker als dieser selbst; der Schaft des Blasenstiels und Blasenstiel mit Samenblase durchschnittlich von gleicher Länge.

V e r b r e i t u n g s g e b i e t : nur Ostkarpathen (fehlt schon dem Banat, ebenso dem ganzen Balkangebiet, nachdem *Herilla guicciardi* R o t h , — *baleiformis* B t t g . , *durmitoris* B t t g . , ausgeschieden wurden).

S u b g e n u s H e r i l l a ex. rect. mea.

G e h ä u s e nur links gewunden, mit opaker Oberflächenschichte, welche hier abweichend von *Alopia* besonders bei Formen der mittleren Höhenlagen und auch Talformen beobachtet wird; eine blaugraue oder milchige Trübung des Gehäuses, also eine gut entwickelte Oberflächenschichte ist hier nur bei einzelnen Arten beobachtet worden, zumeist ist nur ein heller

Nahtfaden und ebensolche Papillen vorhanden, welche sich von dem dunklen Grunde lebhaft abheben. Eine kräftige aus Rippen oder Rippenstreifen bestehende Skulptur ist selten vorhanden, ebenso ist die Nackenskulptur (abweichend von Alopia) hier nicht kräftiger, als am übrigen Gehäuse.

Der S c h l i e ß a p p a r a t ist bei Höhenformen ähnlich wie bei *Alopia* rudimentär, doch niemals obsolet; es wurde bis jetzt stets ein Clausilium beobachtet. Die Mondfalte fehlt nur einigen Höhenformen vollkommen, erscheint bei anderen durch einen Fortsatz·am oberen Rande der Basalfalte angedeutet, welcher schließlich die oberste Gaumenfalte erreicht. Die Mondfalte wird hier durch eine gerade, wenig schief zur Gehäuseachse gestellte Leiste dargestellt, welche die oberste und die Basalfalte verbindet. Bei entwickelter Mondfalte sind neben der Prinzipalfalte nur diese beiden Gaumenfalten vorhanden, von welchen die Basalfalte stets mit der Mondfalte verbunden und bei Talformen sehr lang und nach beiden Seiten über die Mondfalte hinausreichend erscheint. Auch die obere Gaumenfalte ist mit der Mondfalte verbunden und besteht ebenfalls aus zwei Aesten, von welchen jedoch häufig nur der hintere Ast gut entwickelt ist. An Stelle einer noch nicht entwickelten Mondfalte finden wir bei Höhenformen ein bis zwei mittlere Gaumenfalten; außerdem ist regelmäßig eine lange mit der Mondfalte nicht verbundene Prinzipalfalte, sowie häufig eine deutlich entwickelte Nahtfalte vorhanden. Am vorderen Ende der Prinzipalfalte ist häufig ein schwacher Gaumenkallus vorhanden, welcher mitunter in der Form von Knötchen oder Fältchen erscheint.

Die Lamellen sind im allgemeinen kräftig entwickelt und die Oberlamelle erreicht auch bei Höhenformen (im Gegensatze zu *Alopia*) fast immer den Mundsaum. Das Clausilium ist auch bei Talformen wenig spiral gedreht, mit breiter, tiefrinnenförmig gehöhlter, vorne zumeist tief ausgerandeter, zweilappiger Platte; bei einigen Formen ist diese Ausrandung jedoch undeutlich oder nahezu geschwunden.

Die R a d u l a stets mit einspitziger Mittelplatte.

S e x u a l o r g a n e: der Penis stets mit deutlich entwickeltem, bei Talformen schlauchförmig verlängertem Divertikel, aber schwach entwickeltem Flagellum; der Musc. retractor penis mittellang und einarmig; das Divertikel des Blasenstiels wie bei der Gruppe *Alopia* A d.

V e r b r e i t u n g s g e b i e t: das Banater Bergland, Südsteiermark und der Nordosten der Balkanhalbinsel bis nach Nordalbanien und dem Parnass, ausschließlich der Küstengebiete.

Die Formen dieser Gruppe stellen anscheinend nur eine höhere Entwicklungsstufe der Alopien dar, treten denselben in ihren Höhenformen jedenfalls sehr nahe; dieselben weisen heute jedoch eine Reihe gemeinsamer Merkmale auf, welche sie bestimmt von den Formen der Gruppe *Alopia* A d. unterscheiden, ebenso ist das Verbreitungsgebiet ein vollkommen selbständiges und ein Nebeneinandervorkommen beider Gruppen bisher nicht nachgewiesen.

G e n u s A l b i n a r i a ex. rect. mea. (erweitert).

G e h ä u s e mit beiden Windungsrichtungen, einzelne Arten regelmäßig dekollierend. Die opake Oberflächenschichte ist zumeist sehr gut entwickelt und verdeckt die gelbbraune bis rotbraune Grundfarbe in dem Grade, daß die Mehrzahl der Formen undurchsichtig, kalkartig weiß mit gelblichem blauen, braunen

Stich erscheint. Bei einzelnen Arten ist die Oberflächenschichte schwächer entwickelt, so daß die dunkle
Grundfarbe in den Zwischenrippenräumen (besonders
am letzten Umgange); ferner punkt- oder striemen-
förmig durchscheint, oder dieselbe ist auf helle Rippchen und Nahtpapillen beschränkt. Die Oberfläche ist
selten nur feingestreift, gewöhnlich ist eine deutliche
Radialskulptur vorhanden, welche besonders auf den
oberen Umgängen (ausschließlich der Embryonalum-
gänge) und dem Nacken kräftig entwickelt ist.

Der hier oft auffallend tief liegende S c h l i e ß -
a p p a r a t ist bei einer Anzahl von Formen mehr oder
minder rudimentär, doch niemals obsolet, bei der Mehrzahl jedoch in eigenartiger Weise vollkommen entwickelt. Eine rudimentäre Entwicklung des Schließapparates erscheint hier in nachstehender Weise gekennzeichnet: Die Lamellen sind auffallend kurz und
niedrig; von den bei diesem Genus im allgemeinen
spärlichen Gaumenfalten ist nur eine kurze Prinzipalfalte vorhanden, während die Mondfalte vollkommen
schwindet oder nur durch eine niedrige, undeutliche
Schwiele angedeutet wird; das immer vorhandene
Clausilium erscheint schmäler und kleiner. Ein solcher rudimentärer Schließapparat wird hier nicht nur
bei Höhenformen, sondern mitunter auch bei Bewoh-
nern der felsigen Gestade und Inseln (besonders im
Westen der Balkanhalbinsel, Morea, den jonischen
Inseln) beobachtet.

Ein typischer und als vollkommen entwickelt zu be-
zeichnender Schließapparat weist hier im allgemeinen
nachstehende Verhältnisse auf. Die Lamellen an der
Mündungswand sind lang und als deutliche Leisten erhoben, neben der Ober-, Unter- und Spirallamelle wird
mitunter auch eine lange Parallellamelle beobachtet.

Von den Gaumenfalten ist nur die Prinzipalfalte konstant als scharfe Leiste entwickelt; von den eigentlichen Gaumenfalten ist zumeist nur die oberste vorhanden, dieselbe ist im allgemeinen kurz und erscheint bei aufgebrochenem Gehäuse nur ausnahmsweise als schärfer begrenzte Leiste, zumeist als niedrige, aber doch scharf begrenzte Schwiele; die bei einzelnen Formen beobachtete lange obere Gaumenfalte kommt dadurch zustande, daß von dem am vorderen Ende der Prinzipalfalte entwickelten, zumeist nur schwachen Gaumenkallus ein faltenartiger Fortsatz nach rückwärts in der Richtung der obersten Gaumenfalte verläuft und diese verstärkt. Die Mondfalte, ebenso die vielfach nur angedeutete, häufig obsolete Basalfalte erscheinen bei aufgebrochenem Gehäuse niemals als scharfe Leisten, wie die Prinzipalfalte, sondern bestehen aus einer niedrigen, oft verschwimmenden Schwiele, welche durch das opake Gehäuse kaum oder gar nicht durchscheint und leicht übersehen wird. Das Clausilium mit auffallend langem, spiralgedrehten Stiel besitzt eine zumeist schmale, leicht rinnenförmig gehöhlte, vorne abgerundete oder spitz ausgezogene, selten ausgerandete Platte. Neben dem Schließapparat sind bei zahlreichen Formen dieses Genus am letzten Umgange noch weitere Einrichtungen vorhanden, welche einen möglichst vollkommenen Verschluß des Gehäuses unterstützen; diese bestehen zunächst in einer halsartigen Verengerung des letzten Umganges vor der Mündung; dieser Hals erscheint durch Einschnürungen, einfache bis doppelte Faltung oder Kammbildung und schließlich durch eine eigentümliche Drehung der Mündung um eine von vorn nach rückwärts gerichtete Achse noch mehr verengt. Die Drehung bewirkt, daß der Sinulus mehr nach außen gerichtet, der Nabelritz ober die Mündung zu liegen kommt. Ein auffallend·ähnliches Verhalten des letzten Umganges kommt nach der Abbildung in O. B o e t t - g e r s „Clausilienstudien" noch bei der fossilen Gruppe *Laminifera* B t t g., ferner bei der hinterindischen Gruppe *Garnieria* B g t. und bei *Nenia* A d. vor.

S e x u a l o r g a n e : Das Penis konstant mit gut entwickeltem bis wurmförmig verlängertem Divertikel und kräftig entwickeltem immer zweiarmig inseriertem Musc. retractor penis. Das Divertikel des Blasenstiels ist ebensolang oder wesentlich länger, aber viel dünner als der Blasenstiel mit Blasenhals.

V e r b r e i t u n g s g e b i e t : Die westlichen Küsten- gebiete der Balkanhalbinsel von Istrien bis nach Grie- chenland mit den vorgelagerten Inseln, Süditalien, die Aegäischen Inseln mit Creta und Cypern, die klein- asiatische Südwestküste mit den vorgelagerten Inseln und Syrien.

S u b g e n u s   M e d o r a   V e s t .

Das G e h ä u s e , mehr oder minder bauchig spin- delförmig, immer linksgewunden, niemals dekollierend, mit gut entwickelter opaker Oberflächenschichte, so daß die Oberfläche kalkartig weiß mit bläulichem, blau- grauen, gelbbraunem Stich ` gefärbt erscheint. Die Skulptur ist bei der Mehrzahl der Formen nur am Nacken in der Form von Rippchen bis zu flügelför- migen Falten entwickelt, ausnahmsweise auch auf den oberen, selten auf den mittleren Umgängen vorhanden.

Der S c h l i e ß a p p a r a t ist zumeist gut entwickelt und werden hier Abschwächungen dadurch bemerkbar, daß die Lamellen der Mündungswand kürzer und nied- riger erscheinen, während die Basal- und Mondfalte undeutliche Schwielen darstellen und schließlich obsolet

werden; die für einzelne Arten dieser Gruppe charakteristische Gabelung der Spirallamelle am oberen
Ende wird bei Höhenformen undeutlich und verschwindet schließlich gänzlich. Vollkommen entwickelte Talformen weisen konstant eine Basal- und obere Gaumenfaltc auf, welche mit der Mondfalte verschmolzen sind.
Die vielfach kurze obere Gaumenfalte erscheint mitunter durch einen faltenartig entwickelten Gaumenkallus verlängert. Neben der langen Prinzipalfalte ist
konstant eine gut entwickelte Nähtfalte vorhanden;
Einschnürungen und Kiele des Nackens sind hier
schwach entwickelt oder angedeutet.

Das Clausilium mit leicht rinnenförmig gehöhlter, vorne abgerundeter oder zugespitzter Platte.

Sexualorgane: Der Penis mit langem,
schlauchförmigen Divertikel; der Musc. retractor kurz,
aber deutlich zweiarmig inseriert. Das Divertikel des
Blasenstiels isthier zumeist noch ebenso beschaffen,
wie bei den Formen der Gruppe *Herilla* Bttg.

Verbreitungsgebiet: Die Ostküste der
Adria von Istrien bis nach Montenegro und einige
Orte in Unteritalien (Mt. Gargano, Polzano, Tiriolo).

Subgenus Agathylla Vest.

Gehäuse klein bis mittelgroß, auffallend schlank
und zierlich, links gewunden, nicht dekollierend. Die
immer opake Oberflächenschichte erscheint mitunter
nur an den Rippchen, welche sich dann von dem
dunkleren Grunde lebhaft abheben. Eine Radialskulptur ist stets vorhanden, mitunter extrem entwickelt
und erscheint bei sonst glatten Formen wenigstens
am Nacken deutlich ausgeprägt. Auffallend und eigenartig erscheinen bei der Mehrzahl der Formen die Verhältnisse des letzten Umganges und der Mündung.

Der letzte Umgang ist über der Mündung halsartig
verschmälert, ausgezogen und leicht eingeschnürt, so-
dann kurz gelöst; der Mundsaum ist breit und trichterförmig erweitert, zusammenhängend und gelöst, gleichzeitig erscheint die Mündung um eine von vorn nach
hinten gerichtete Achse nach außen gedreht, so daß
der Nabelritz höher und schließlich über der Mündung
zu liegen kommt. In Verbindung mit ein bis zwei
Nackenkielen (Basal- und Dorsalkiel) ergänzen diese
Verhältnisse den Verschluß des Gehäuses..

Der häufig tief liegende S c h l i e ß a p p a r a t ist
immer gut entwickelt und läßt diesbezüglich keine
wesentlichen Schwankungen erkennen. Neben den
langen und als scharfe Leisten erhobenen drei Haupt-
lamellen der Mündungswand ist hier noch eine niedrige
Parallellamelle vorhanden, auch erscheint die Spirallamelle, wie bei Medora am hinteren (oberen) Ende
mitunter gegabelt. Von den Gaumenfalten sind Prin-
zipal- und obere Gaumenfalte immer als erhobene und
scharfe Leisten entwickelt, während die zumeist kurze,
seltener obsolete Basalfalte, ebenso die mitunter obsolete Mondfalte bei aufgebrochenem Gehäuse nur
niedrige, verschwimmende und undeutlich begrenzte
Schwielen darstellen. Das S-förmig gebogene Clausilium mit langem Stiel und leicht rinnenförmig gehöhlter, vorne abgerundeter oder spitz ausgezogener,
selten zweilappig ausgerandeter Platte.

Die S e x u a l o r g a n e wie bei der Gruppe Medora
V e s t.

V e r b r e i t u n g s g e b i e t: Die Küstengebiete der
Adria südlich von Makarska in Dalmatien bis Nord-
albanien; landeinwärts noch bei Mostar in der Herzegowina beobachtet.

‹ Subgenus Albinaria s. str.

Gehäuse in der Mehrzahl links-, nur ausnahmsweise rechtsgewunden, spindelförmig bis schlank- und spitzturmförmig, mitunter dekollierend. Die opake Oberflächenschichte ist stets sehr gut entwickelt, die Gehäuse demnach fast ausnahmslos kalkartig weiß, matt und undurchsichtig. Eine Radialskulptur ist stets vorhanden, mitunter exzessiv entwickelt und bizarre Formen erzeugend, oder bei nahezu glatten Formen nur durch einige Falten oder Rippchen am Nacken angedeutet. Der Schließapparat ist bei einigen Formen rudimentär, in der Mehrzahl jedoch vollkommen entwickelt. Die für diese Gruppe charakteristische Form des Schließapparates wird durch nachstehende Verhältnisse gekennzeichnet. Bei rudimentärer Entwicklung sind die Lamellen auf der Mündungswand kurz und niedrig, die Oberlamelle mitunter nur durch ein Knötchen angedeutet oder obsolet. Von den Gaumenfalten ist nur die Prinzipalfalte als kurze Falte vorhanden, während die Gaumenfalten und die Mondfalte fehlen; das Clausilium ist immer vorhanden, nur kleiner und schmäler. Auch bei vollkommener Entwicklung des Schließapparates erscheinen bei dieser Gruppe Basal- und Mondfalte vielfach schwach entwickelt. Die Basalfalte fehlt auch zumeist vollkommen, während die schwielenartige Mondfalte bei dem wenig durchscheinenden Gehäuse undeutlich oder gar nicht sichtbar ist; nur ausnahmsweise kommt eine lange, auch in der Mündung sichtbare Basalfalte vor. Die obere, mit der Mondfalte verschmolzene Gaumenfalte bleibt zumeist sehr kurz und nur in ihrem hinter der Mondfalte gelegenen Teile entwickelt, so daß dieselbe von der Mündung aus nicht sichtbar ist, da sie von dem Clausilium verdeckt wird. Den ausnahmsweise

als lange Falte auftretenden vorderen Ast halte ich
für einen faltenartig entwickelten Gaumenkallus, derselbe bleibt immer von der Mondfalte getrennt.

Das S-förmig gebogene Clausilium mit langem
Stiel und leicht rinnenförmig gehöhlter, vorne abgerundeter bis spitz ausgezogener Platte. Weitere Einrichtungen, welche den Verschluß des Gehäuses ergänzen, sind hier in sehr verschiedenem Grade entwickelt; eine Anzahl von Formen weist Verhältnisse
auf wie bei der Gruppe *Medora,* also einen vollkommen
fehlenden oder nur angedeuteten Basalkiel; bei anderen finden wir einen Basalkiel in verschiedenem
Grade entwickelt, bis zu Verhältnissen, welche zu jenen
bei der Gruppe *Cristataria* hinüberleiten. Vereinzelt
erscheint auch hier der letzte Umgang halsartig ver-
engert, die Mündung trichterförmig erweitert und
leicht nach außen gedreht.

S e x u a l o r g a n e : der Penis stets mit gutent-
wickeltem, schlauchförmigem Divertikel und zweiarmig
inseriertem, ziemlich langem Musc. retractor. Das Divertikel des Blasenstiels ist zumeist viel länger, aber
auffallend dünner als der Blasenstiel mit Samenblase.

V e r b r e i t u n g s g e b i e t : die westlichen Küstengebiete der Balkanhalbinsel südlich von Valona mit
den vorgelagerten Inseln, Mittelgriechenland und Pelopones, Euböa und die ägäischen Inseln, Kreta, Cypern
und die südwestlichen Küstengebiete Kleinasiens.

Die Formen der Gruppe *Albinaria* im engeren
Sinne lassen sich gegenüber *Medora* V e s t, *Agathylla*
V e s t. *Cristataria* V e s t in keiner Weise schärfer ab-
grenzen, da nach jeder Richtung Uebergänge beob-
achtet werden, welche die nahe Verwandtschaft und
Zusammengehörigkeit erweisen. Einige der von O.
B o e t t g e r und anderen hierhergezogenen Formen

mit gut entwickelter Basalfalte erwiesen sich mit Rücksicht auf die Verhältnisse der Sexualorgane als nicht hierhergehörig, und ich erwarte bei Fortsetzung dieser Untersuchungen weitere Ueberraschungen. *Bitorquata torticollis* Oliv. von der Insel Standia bei Creta ist dagegen nach meiner Ansicht eine *Albinaria*.

Subgenus Cristataria Vest.

Gehäuse schlank spindelförmig bis turmförmig, in der Mehrzahl links, nur ausnahmsweise rechts gewunden, nicht dekollierend. Die opake Oberflächenschichte ist nur ausnahmsweise gut entwickelt, zumeist ist dieselbe auf den hellen, papillierten Nahtfaden und die Radialskulptur beschränkt. Die Radialskulptur ist vielfach gut, vereinzelt extrem entwickelt, doch werden auch schwach gestreifte, nahezu glatte Formen beobachtet; die Nackenskulptur ist nicht wesentlich kräftiger, als auf den übrigen Umgängen. Der Schließapparat ist immer gut und vollkommen entwickelt; gegenüber den Verhältnissen bei *Albinaria* s. str. finden wir hier konstant eine gut entwickelte Mondfalte, ebenso eine zumeist lange Basalfalte, während die obere Gaumenfalte kurz bleibt und nur in ihrem hinteren Aste entwickelt ist. Das S-förmig gedrehte Clausilium mit langem Stiel und ziemlich schmaler, leicht rinnenförmig gehöhlter, vorne abgerundeter Platte. Der letzte Umgang erscheint häufig halsartig verengt und ausgezogen, außerdem durch ein bis zwei Längskiele oder einen Querkiel gefaltet und so verengt; die Mündung außerdem trichterförmig erweitert und mehr oder minder nach außen gedreht.

Sexualorgane: Der Penis mit gut entwickeltem, oft wurmförmig verlängertem Divertikel und zweiarmig inseriertem, ziemlich langem Musc. retractor;

das Divertikel des Blasenstiels ist länger und wesentlich dünner als der Blasenstiel mit Samenblase.
Verbreitungsgebiet: Syrien.

Mit Rücksicht auf die Verhältnisse des Gehäuses finden wir bei einer hinterindischen Gruppe der Clausiliiden eine auffallende Uebereinstimmung mit Formen der Gruppen *Agathylla* und *Cristataria;* leider ist mir über die weitere Organisation dieser auffallenden Formen sonst nichts bekannt geworden. Nachdem jedoch erfahrungsgemäß eine große Uebereinstimmung in den Verhältnissen der Gehäuse vielfach auch ähnlichen Verhältnissen der übrigen Organe entspricht, wäre diese Gruppe zunächst bei dieser Subfamilie im Anschlusse an *Cristataria* resp. *Albinaria* einzuteilen.

Genus Garnieria Bgt.

Gehäuse zu den größten der Familie gehörend, fest- bis dickschalig, linksgewunden und häufig dekollierend. Eine opake Oberflächenschichte ist nur als papillierter Nahtfaden und an der Radialskulptur entwickelt. Der letzte Umgang ist ober der Mündung halsartig ausgezogen und verengt, vor der Mündung außerdem kurz gelöst; die Mündung ferner trichterförmig erweitert und um eine horizontale, von vorn nach hinten gerichtete Achse gedreht, so daß der Sinulus nach außen gerichtet, der Nabelritz über die Mündung verschoben erscheint. Die Lamellen auf der Mündungswand werden dadurch einander sehr genähert und erscheinen nahezu gekreuzt. Ober- und Spirallamelle sind verbunden, die nach vorne konvex gebogene Mondfalte und die lange Prinzipalfalte gut entwickelt und als Leisten erhoben; das schmale rinnenförmig gehöhlte Clausilium ist vorne mehr oder minder zugespitzt.

Verbreitungsgebiet: Tonkin und Laosgebiet.

In meiner Sammlung liegen nachstehende Formen:
Garnieria mouhoti Pfr. Laos.

„ messageri Bav. et Dautz. Tonkin.
„ ardouiniana Heude. Tonkin.
„ dorri Bav. et Dautz. Tonkin.
„ goliath Rolle. Tonkin.
„ giardi H. Fischer. Tonkin.

Die Gruppe Nenia Ad. ist mir bisher nur nach den Abbildungen und Beschreibungen bekannt; sie weist dementsprechend ähnliche Verhältnisse der Mündung, doch anscheinend einen verschiedenen Schließapparat auf.　　　　　　　　(Fortsetzung folgt.)

Die Konchylienfauna diluvialer und alluvialer Ablagerungen in der Umgebung von Mühlhausen i. Th.

Von

B. Klett, Mühlhausen i. Th.

II. Teil.

Die breite Unstruttalmulde oberhalb der Stadt Mühlhausen i. Th. wird von einem weitausgedehnten jüngeren Kalktufflager ausgefüllt. Dasselbe erstreckt sich von dem Nordabhange des Rieseningen Berges und Stadtberges nordwärts über Mühlhausen und Ammern hinaus bis dicht unterhalb des Dorfes Reiser. Der weitaus größte Teil der Stadt Mühlhausen steht auf Kalktuffboden. Nur die Oberstadt liegt auf Mittelkeuper. Bei allen Ausschachtungen in der Unterstadt und in den Vorstädten wird der Kalktuff aufgeschlossen. In zahlreichen Steinbrüchen und Sandgruben z. B. an der Aue (am Westrande der Stadt), sowie zwischen Mühlhausen, Ammern und Reiser baut man den Kalktuff ab. Er liefert sowohl vorzügliche wetterbeständige Bausteine, als auch locker-zellige „Grottensteine", die zu Fachwerkbauten Verwendung finden und auch als Ziersteine bei Grottenbauten benutzt werden. In der Hauptsache aber wird Kalksand zur Mörtelbereitung gewonnen.

Das Kalktufflager hat an seinem Südende seine größte Breite, von Westen nach Osten etwa 4—4,5 km; zwischen Mühlhausen und Ammern mißt die Breite 1,5 km. Die Längsausdehnung von Süden nach Norden beträgt rund 5 km. Westwärts zieht sich das Kalktufflager in Form schmaler Bänder in die Täler der zur Unstrut fließenden Bäche Luhne und Schildbach, sowie in den unteren Röttelseegraben und Oelgraben.

Auch im tiefeingeschnittenen Unstruttale oberhalb des Dorfes Reiser ist es zur Kalktuffbildung gekommen. Die Ablagerung läuft als schmaler Saum am Flusse entlang vom Reiserschen Hagen flußaufwärts über die Dörfer Dachrieden und Horsmar bis dicht vor Zella in einer Längsausdehnung von 6,5 km.

Gute Aufschlüsse finden sich am Unstrutsteilufer dicht unterhalb der Beiröder Spinnerei zwischen Horsmar und Dachrieden, sowie in einer Sandgrube im Reiserschen Hagen.

In dem Gebiete nördlich der Stadt Mühlhausen bis dicht vor Reiser zeigt das Kalktufflager regelmäßige horizontale Schichtung. Ueberdeckt wird es von einer Humusschicht, welche durchschnittlich 0,40—0,70 m stark ist. Darunter lagert zumeist erdiger Kalksand, der allmählich in weißen Kalksand übergeht. Eine Werkbank ist nicht überall ausgebildet. Nur in dem Steinbruche von Wilke und Köppe nahe der Lohmühle ist fester, dichter Kalktuff in einer Mächtigkeit von

2,10 m an der Sohle des Bruches aufgeschlossen. Eine 1,80 m starke Werkbank wird in dem Ackermannschen Bruche links der Landstraße von Mühlhausen nach Ammern, bei km 30,2, abgebaut. Die stärkste Steinschicht ist dort 0,70 m dick. Sonst ist es meist nur zur Bildung dünnschichtiger, poröser, plattenartiger Bänke gekommen, von denen die einzelnen die Stärke von 0,20 m kaum erreichen. Mehrfach, z. B. im Mertenschen Kalktuffbruche zwischen Mühlhausen und Ammern beobachtete ich zwei Lagen dieser dünnschichtigen, bröckligen Kalkplatten. Die obere lag, 0,60 m stark, unter der nur 0,10 m starken Humusdecke, die zweite in einer Tiefe von 2,40 m. Letztere Schicht war 0,40 m stark entwickelt.

Auch Schotterablagerungen ließen sich innerhalb des Kalktufflagers feststellen. Am Feldwege von Ammern nach Reiser liegt rechts ein Tuffbruch, welcher der Firma K. L. Müller gehört. In ihm fand ich 1,70 m unter der Oberfläche eine 0,15 m starke Schotterablagerung, deren Muschelkalkgerölle nicht größer als 3 cm waren. Jeder einzelne, völlig abgerollte Stein war umkleidet von mehreren schalenartigen, dünnen Kalksinterlagen. In einem Bruche nahe der Luhne, nördlich von Ammern, lag dem Kalktuffe eine dünne Schicht grober Muschelkalkschotter aufgelagert. Diese waren von einer 0,30 m dicken Lage Ackererde überdeckt. Im Mai 1914 wurde bei Kanalisationsarbeiten dicht am Nordausgange der Stadt ein Aufschluß geschaffen, der zu oberst 2 m Erde mit Muschelkalkschottern aufzeigte. Darunter lag 1 m Kalksand und dann folgte eine 0,40 m tief aufgeschlossene Torfschicht. Torfbildung ist im ganzen seltener zu beobachten. Im September 1913 zeigte die Nordwand des oben genannten Müllerschen Bruches nördlich von

Ammern, in einer Tiefe von 3 m, drei Torfschichtchen von je 0,01 m Stärke auf eine 0,20 m starke Kalksandschicht verteilt, und im Mertenschen Bruche zwischen Ammern und der Stadt war zur gleichen Zeit eine 0,08 m starke Torfschicht in einer Tiefe von 1,80 m zwischen dem weißen Kalksande entblößt. Im Ackermannschen Bruche (siehe oben) ist der Kalktuff von einer Torfschicht unterlagert. Diese ruht in einer Tiefe von 4,80 m und soll nach Aussage der Arbeiter etwa 0,40 cm stark sein. Eine Untersuchung war des Grundwassers wegen nicht möglich. Vom Vorhandensein des Torfes habe ich mich überzeugt.

Die Mächtigkeit des Kalktufflagers nördlich der Stadt Mühlhausen ist eine recht beträchtliche. In den Brüchen wird der Kalktuff durchschnittlich bis in eine Tiefe von 4,5 m abgebaut. An der Landstraße von Ammern nach Dingelstedt war 1913 das Kalktufflager zwischen km 28,5 und km 28,6 bis zu einer Tiefe von 6 m aufgeschlossen, reichte aber nach Angabe der Arbeiter noch 1½ m weiter in die Tiefe und ruhte auf „Kies". Gemeint sind wohl Muschelkalkschotter. ½ m unter der damaligen Sohle des Bruches soll der Grundwasserspiegel sein. Ich habe bisher das Schotterlager unter dem Kalktuffe noch nicht beobachten können. Das Grundwasser tritt in dem Ackermannschen Bruche schon in einer Tiefe von 4,80 m über der dort lagernden Torfschicht zutage.

Ueber die Entstehung des Kalktufflagers sagt Dr. Bornemann 1886, daß die älteren Lagen in einem nur langsam abfließenden, seeartigen, ununterbrochen von Wasser bedeckten Becken gebildet worden seien. Er bezeichnet den Kalktuff als „Seetravertin". Demgegenüber weist Heß von Wichdorff in seinen Arbeiten über die Quellmoore Norddeutschlands darauf hin, daß in

Seen sich lediglich Wiesenkalk oder Seekalk absetzt, niemals aber Kalktuff. Er stellt für alle Kalktufflager, auch für die thüringischen, fest, daß sie von Quellen abgesetzt worden sind und ihre Entstehung stets auf ehemalige Quellmoore hinweist. In solchen wechseln, nach ihm, helle Schichten, die aus lockerem erdigen Kalktuff bestehen mit dunklen Schichten ab. Letztere stellen kalktuffreichen, humushaltigen Rietboden vor. Sandige und tonige Zwischenlagen sind eingeschlemmt und das Ganze ist in der Regel von einer Schicht Sumpftorf überdeckt.

Das letztere ist bei Mühlhausen nirgends der Fall, obgleich stellenweise innerhalb des Kalktufflagers kleine Torfschichtchen beobachtet werden. Dagegen dürften die dünnschichtigen, plattenartigen Kalktuff-bänke vielleicht als Wiesenkalk oder Bachkalk anzu-sehen sein.

Wohl mag das Kalktufflager ursprünglich ein „Flächenquellmoor" gewesen sein, an dessen Bildung die auf der Grenze des Keupers und Muschelkalks entspringenden Quellen beteiligt waren. Noch heute entspringt an der Westseite des Kalktufflagers die wasserreiche Breitsülzenquelle. Aber ein großer Teil des Kalktuffes ist jedenfalls durch die Unstrut und die ihr innerhalb des Kalktufflagers noch gegenwärtig zu-fließenden Bäche (Luhne, Schildbach, Oelgraben) um-gelagert worden, ruht also auf sekundärer Lagerstätte. Der Kalktuff dürfte mithin als Schwemmtuffbildung anzusprechen sein.

Es kann wohl angenommen werden, daß das Un-struttal oberhalb Mühlhausens ehemals ein sumpfiges Ried- und Gestrüppland darstellte. Darauf deutet der Name des Flusses Unstrut noch heute hin. Zahlreiche Wasserläufe und Gräben durchzogen die Talmulde.

Manche Flußarme wurden allmählich vom Hauptarme abgeschnürt, versumpften und vermoorten. Bei Hochwassern, die bei dem sonst so zahmen heutigen Flusse auch gegenwärtig nichts Seltenes sind, wälzten die Fluten die Flußschotter über die sumpfige Niederung. Häufig verlegte die Unstrut ihr Flußbett. Auch die Luhne hat wohl zeitweilig eine andere Mündung gehabt. All die Sinkstoffe der Wasserarme trugen zur Bildung des Kalktufflagers, das einst die Quellen gebildet hatten, mit bei. Durch die Umlagerung des weichens Bodens wurde der Quellmoorcharakter der Ablagerung im Laufe der Zeit vermischt.

Aufgefallen ist mir bei der Untersuchung des Kalktufflagers nördlich der Stadt, daß nirgends in auffälliger Menge inkrustierte Pflanzenreste beobachtet werden konnten. Es tritt zwar hier und da eine Schicht auf, in welcher fingerlange „Röhrchen", Reste von krautartigen oder schilfartigen Pflanzeninkrustationen vorkommen, z. B. im Ackermannschen Bruche, aber immer nur in geringem Maße. Chara-Inkrustationen, besonders auch die am Tonberge im diluvialen Kalktuffe und an der Aue zu Millionen auftretenden „Characeenfrüchtchen" konnte ich beim Schlämmen nur in dem Ackermannschen Bruche auffinden.

Ich habe durch Aufsammeln und Ausschlämmen die Konchylienfauna des Kalktufflagers festgestellt. Herr D. Geyer, Stuttgart, hatte die Güte, die Bestimmungen des reichhaltigen Materials nachzuprüfen. Im folgenden gebe ich eine Uebersicht über die größeren Kalktuffbrüche.

1. Der Steinbruch von Wilke und Köppe an der Landstraße von Mühlhausen nach Hollenbach, dicht vor der Lohmühle. Das Profil der Nordwestwand war 1916—1918:

Humusschicht	0,70 m
erdiger Kalktuff	0,55 „
poröser, dünnplattiger Kalktuff	1,45 „
die Werkbank	2,10 „

Die Werkbank ist fast fossilleer. In den unteren Lagen finden sich faustgroße Hohlräume, deren Wände mit tropfsteinartigen Sinterbildungen ausgekleidet sind. Die Hohlräume sind mit einer rostfarbenen Erdart gefüllt. Diese ist in frischem Zustande schmierig-klebrig und färbt stark ab. Die Sinterbildungen sind rostfarbig und heben sich scharf vom Gestein ab. In der rostfarbenen Erde liegen auffallend kleine Exemplare von Gulnaria ovata Drap. In dem Gestein selbst finden sich dieselben Schnecken meist nur als Steinkerne. Auf den dünnplattigen Kalken findet sich gelegentlich eine Blattinkrustation (Fagus oder Tilia?). Eigentliche „Blättersteine" sowie Chara-Inkrustationen fehlen. Die Kalkplatten führen wenig Schnecken, meist Arianta arbustorum L. und Tachea hortensis Müll. Der erdige Kalksand und die Zwischenlagen der Kalkplatten sind reich an Konchylien. Ich fand 60 Arten.

Conulus fulvus Müll, sehr hfg.
Hyalinia nitidula Drap., hfg.
„ lenticula Held, 11 Stück.
•„ hammonis Ström., sehr hfg.
Vitrea crystallina Müll., sehr hfg.
Zonitoides nitida Müll., sehr hfg.
Punctum pygmaeum Drap., hfg.
Patula rotundata Müll., sehr hfg.
Acanthinula aculeata Müll., hfg.
Vallonia pulchella Müll., hfg.
„ excentrica Sterki 26.
„ costata Müll., sehr hfg.
Trigonostoma obvoluta Müll., hfg.
Trichia hispida L., hfg.
Euomphalia strigella Drap., hfg.
Monacha incarnata Müll., hfg.
Eulota fruticum Müll., hfg.
Chilotrema lapicida L., hfg.
Arianta arbustorum L., hfg.
Xerophila striata Müll. 1.

Tachea nemoralis L. 1.
„ hortensls Müll. gebändert und ungebändert hfg.
Napaeus montanus Drap. 2.
„ obscurus Müll. 2.
Pupilla muscorum Müll., hfg.
Sphyradium edentula Drap. 2.
Isthmia minutissima Hartm. 3.
Vertigo pygmaea Drap. 17.
„ moulinsiana Dup. 2.
„ antivertigo Drap., hfg.
„ pusilla Müll., hfg.
„ angustior jeffr., hfg.
Clausiliastra laminata Mont. 17.
Alinda plicata Drap. 1. (vermutlich hierher gehörig).
Kuzmicia parvula Stud. 3.
„ cruciata Stud. 2.
„ . pumila (Ziegl.) C. Pf. 1.
Pirostoma ventricosa Drap., hfg.
„ plicatula Drap.
Cionella lubrica Müll., sehr hfg.
Caecilianella acicula Müll, sehr hfg.
Succinea putris L. 3.
„ pfeifferi Rssm. 7.
„ oblonga Drap. 5.
Carychium minimum Müll., sehr hfg.
Limnus stagnalis L., hfg.
Gulnaria ovata Drap, hfg·
Limnophysa palustris Müll, hfg (kleine Form).
„ truncatula Müll., sehr hfg.
Physa fontinalis L. 4.
Aplexa hypnorum L. 4.
Gyrorbis leucostoma Mill., überaus hfg.
Bathyomphalus contortus L., sehr hfg.
Armiger nautileus L., hfg.
Hippeutis complanatus L. 1.
Acme polita Hartm., hfg.
Valvata cristata Müll., hfg.
Pisidium rivulare Cless. 3.
„ milium Held. 2.
Cypris. 6.

Das überaus häufige Auftreten von Gyrorbis leucostoma Mill. weist auf die Ablagerung dieses Kalktufflagers in einem stehenden Gewässer oder Sumpf
hin. Da die Succinea-Arten recht spärlich vertreten
sind, kann angenommen werden, daß der Pflanzen-
wuchs ein geringer war. Die Bernsteinschnecken halten
sich mit Vorliebe an den aus dem Wasser aufsteigenden

Pflanzen auf. In anderen Brüchen des Kalktufflagers wird 'Succinea pfeifferi Rssm. massenhaft gefunden. Die vielen Landschnecken sind durch das Frühjahrswasser des Sambacher Steingraben eingeschwemmt worden. Von den Clausilien ist Kuzmicia cruciata Stud. besonders beachtenswert. Sie findet sich nördlich des Mains im Vogelsgebirge und in der Rhön, sowie isoliert bei Wernigerode am Harz.

2. Der Kalksandbruch von K. L. Müller an der rechten Seite des Feldweges von Ammern nach Reiser, 180 Schritte von der Landstraße Mühlhausen-Dingelstedt.

Profil vom September 1913 (Nordrand):

Humusschicht	0,40 m
erdiger Kalksand mit inkrustierten	
Schilfstengeln	0,60 „
weißer Kalksand	2,— „
3 Torfschichtchen von je 1 cm Dicke	
im Kalksand	0,20 „
weißer Kalksand	1,— „

Derselbe Bruch zeigte im August 1918 in der Nordostecke folgendes Profil:

Humusschicht	0,40 m
erdiger Kalksand	0,60 „
lockerer, weißer Kalksand	0,70 „
Muschelkalkgerölle, nicht über 0,03 m	
im Durchmesser	0,15 „
feiner, körniger, schneckenreicher	
Sand	1,— „
lockerer, weißer Kalksand	0,70 „
Tuffstein, die Bänke nicht über 0,15 m	
stark	1,45 „

Man sieht, daß das Kalktufflager auf kleinem Raume oft verschiedenartig ausgebildet ist. 2 m über der Sohle des Bruches war 1918 eine Schicht im Kalksand aufgeschlossen, die eine Unzahl Schnecken, besonders Bithynia tentuculata L., führte. Bithynia wird in dem nur 2½ km entfernten Bruche von Wilke und

Köppe überhaupt nicht gefunden. Im feinkörnigen Sande fand ich folgende 55 Arten von Konchylien:

1. Conulus fulvus Müll., hfg.
2. Hyalinia cellaria Müll. 3 Stück.
3.   „   lenticula Held. 5.
4.   „   hammonis Ström., hfg.
5. Vitrea crystallina Müll., hfg.
6. Zonitoides nitida Müll., sehr hfg.
7. Punctum pygmaeum Drap, hfg.
8. Patula rotundata Müll., hfg.
9. Acanthinula aculeata Müll. 1.
10. Vallonia pulchella Müll., hfg.
11.   „   „   „ var enniensis ·Grdl., hfg. (costellata Al. Br.)
12. Vallonia costata Müll., hfg.
13. Trigonostoma obvoluta Müll. 4.
14. Trichia hispida L., hfg.
15. Euomphalia strigella Drap., hfg.
16. Eulota fruticum Müll. 2.
17. Chilotrema lapicida L. 1.
18. Tachea nemoralis L. 2.
19.   „   hortensis Müll. 2.
20 Arianta arbustorum L. 1.
21. Orcula doliolum Drap. 7.
22. Pupilla muscorum Müll., sehr hfg.
23. Isthmia minutissima Hartm. 19.
24. Vertigo pygmaea Drap., hfg.
25.   „   moulinsiana Dup., hfg.
26.   „   antivertigo Drap., sehr hfg.
27.   „   pusilla Müll. 1.
28.   „   angustior Jeffr., hfg.
29. Kuzmicia parvula Stud. 4.
30.   „   bidentata Ström. 3.
31. Pirostoma ventricosa Drap. 1.
32. Cionella lubrica Müll., hfg.
33   „   „   „ var. exigua Mke. 1.
34. Succinea pfeifferi Rssm., hfg.
35.   „   oblonga Drap. 4.
36. Carychium minimum Müll., sehr hfg.
37. Limnus stagnalis L., hfg., sehr große Form.
38. Gulnaria ovata Drap., hfg., große Form.
39. Limnophysa palustris Müll., hfg.
40.   „   „   „ var clessiniana Haz. hfg.
41.   „   truncatula Müll., hfg.
42. Physa fontinalis L., hfg.
43. Tropidiscus umbilicatus Müll.,
44.   „   carinatus Müll., hfg
45. Gyrorbis leucostoma Mill., hfg.
46. Bathyomphalus contortus L., sehr hfg.
47. Gyraulus glaber Jeffr. 12.

48. Armiger nautileus L., hfg.
49. Hippeutis complanatus L. 13.
50. Acme polita Hartm. 4.
51. Bythinia tentaculata L., sehr hfg.
52.   „   leachi Shepp., hfg.
53. Valvata cristata Müll., hfg.
54. Pisidium fontinale C. Pf., hfg.
55.   „   milium Held., hfg.

Im oberen weißen Kalksand fand ich Nr. 1, 6, 24, 25, 26, 34, 38, 39, 40, 41, 51 und 53; im unteren weißen Kalksande wurden ausgeschlämmt Nr. 1, 10, 25, 26, 34, 38, 39, 41, 42, 46, 48, 51, 53 und 54. Besonders zahlreich treten die Planorben und Limnaen auf. Beide Familien bevorzugen stehende, sumpfige Gewässer. Auch die Gattung Bythinia bewohnt mit Vorliebe Sümpfe, Teiche und Seen. Es darf also aus dem sehr häufigen Auftreten dieser Konchylien darauf geschlossen werden, daß der Kalktuff auch an dieser Stelle in einem stehenden oder sehr langsam fließenden Gewässer abgesetzt worden ist.

Zur Ergänzung untersuchte ich die Kalksandgrube von A. Schreiber an der Landstraße von Ammern nach Dingelstedt zwischen km 28,5 und 28,6 links am Wege. Das Profil vom September 1913 war folgendes:

Humusschicht	1,40 m
weißer Kalksand	2,50 „
weißer Kalksand mit inkrustierten Schilfstengeln	0,50 „
weißer Kalksand	1,60 „

Im August 1918 war in der Mitte der Sandgrube 3 m weißgelber, völlig ungeschichteter Kalksand (ohne Characeenfrüchtchen) aufgeschlossen. Dieser enthielt überaus häufig Bithynia, Limnus stagnalis, Gulnaria ovata und Limnophysa palustris. Dicht daneben zeigte dieselbe Wand nach links 1,50 m weißen Kalksand, darüber 1,50 m geschichteten, dünnplattigen Kalktuff. Die stärksten Platten waren nicht über 0,20 m stark. Daran stieß weiter nach links grauer, erdiger Kalksand.

Dann traten wieder dünnplattige Kalktuffschichten auf, die bis an die Oberfläche reichten. Unter ihnen lag lockerer, weißer Kalksand. Links daneben zeigte die Wand nur reinen weißen Kalksand. Beim Ausschlämmen des Kalksandes fanden sich von dem obigen Verzeichnisse die Nummern 1, 4, 6, 10, 11, 12, 15, 16, 19, 23, 24, 25, 26, 28, 32, 33, 34, 37, 38, 39, 41, 42, 43, 45, 46, 48, 49, 51, 52, 53. Neu wurden von mir gefunden:

Hyalinia petronella (Chrp.) Pfr. 3 Stück.
Sphyradium edentulum columella Mts: 7.
Torquilla frumentum Drap. 8.

3. Der Kalktuffbruch von Merten bei der Ammerschen Papiermühle, links von der Landstraße Mühlhausen-Ammern. Die Ostseite des Bruches zeigte im Sommer 1915 folgendes Profil:

Humusschicht . . . . 0,10 m
dünne, poröse, bröckliche Kalkplatten 0,60 „
weißer Kalksand . . . . 1,10 „
Torfschichtchen im Kalksand . . . 0,08 „
weißer Kalksand . . . . 0,50 „
dünne Kalkplatten . . . . 0,40 „
weiser Kalksand . . . . 0,90 „

An Konchylien fand ich:

Conulus fulvus Müll., hfg.
Hyalinia hammonis Ström. 3.
Vallonia pulchella Müll., hfg.
  „ costellata M. Br. 8.
  „ costata Müll. 11.
Euomphalia strigella Drap. 2.
Eulota fruticum Müll. 1.
Xerophila striata Müll. 2.
Tachea hortensis Müll. 1.
Pupilla muscorum Müll. 2.
Vertigo pygmaea Drap., hfg.
  „ moulinsiana Dup. 1.
  „ antivertigo Drap., hfg.
  „ angustior jeffr., hfg.
  „ genesii Grdlr. 15.
Cionella lubrica Müll., var. exigna Mke. 2.
Succinea pfeifferi Rssm., hfg.
Carychium minimum Müll., selten.
Limnus stagnalis L., hfg.

Limnophysa palustris Müll., hfg.
Gulnaria ovata Drap., hfg.
Physa fontinalis L. 12.
Tropidiscus umbilicatus L., hfg.
Bathyomphalus contortus L. 8.
Armiger nautileus L., selten.
Bythinia tentaculata L., sehr hfg.
Valvata cristata Müll., selten.

Von besonderem Interesse ist das Auftreten von Vertigo genesii Grdlr. in diesem Bruche. Auch Vertigo moulinsiana Drap. hatte in der älteren Alluvialzeit eine weit größere Verbreitung als heute, wo sie in Deutschland nur noch von wenigen Punkten lebend bekannt ist.

Im Mai 1915 wurde in der Nähe der Kaserne von Mühlhausen, dicht vor der Stadt, in einer Tiefe von 3 m ein Torflager innerhalb der Kalktuffablagerungen erschlossen. Ueberdeckt war es von 1 m weißem Kalksand und einer darüber lagernden Schicht von Erde, welche mit Muschelkalkschottern gemischt war und eine Stärke von 2 m hatte. Das Torflager selbst war in einer Mächtigkeit von 0,40 m aufgeschlossen. Beim Durchsuchen des Torfes fand ich Reste von Birkenholz und Pflanzenreste, die anscheinend zu Phragmites und Iris zu rechnen waren.

Es konnten im Torfe folgende Konchylien nachgewiesen werden:

Conulus fulvus Müll.
Hyalinia hammonis Ström.
Vallonia pulchella Müll.
Pupilla muscorum Müll.
Vertigo moulinsiana Dup.
Cionella lubrica Müll.
Succinea pfeifferi Rssm.
Carychium minimum Müll.
Gulnaria ovata Drap.
Limnophysa palustris Müll., var corvus Gm.
           „   „ L.   „   var curta Cless.
Limnus stagnalis L.
Tropidiscus umbilicatus Müll.
Gyrorbis leucostoma Mill.
Bathyomphalus contortus L.

Gyraulus glaber Jeffr.
Bythinia tentaculata L.
Valvata cristata Müll.
Pisidium fontinale C. Pf.

Es wurden in dem Kalktufflager nördlich der Stadt Mühlhausen im ganzen 73 Arten von Konchylien festgestellt. Von diesen dürfen als lokal erloschen angesehen werden: Vertigo genesii Grdl., Vertigo moulinsiana Drap., Sphyradium edentulum columella Mts. Orcula dolium Drap. ist recent für Mühlhausen nachgewiesen. Ob dies für Kuzmicia cruciata Stud. und Gyraulus glaber Jeffr. der Fall ist, entzieht sich meiner Kenntnis. (Fortsetzung folgt.)

Nachschrift: Ergänzend zum 1. Teil dieser Arbeit (Heft 2, 1919, S. 60—68) ist folgendes zu bemerken. Auf Grund einer nachmaligen Durchsicht der von mir gefundenen Gyraulen durch Herrn D. Geyer, Stuttgart, sind die in der Kiesgrube auf dem Schadeberge (S. 61) gefundenen Gyraulen zu glaber Jeffr. und nicht zu rossmaessleri Auersw. zu rechnen. Dasselbe gilt von den im Kalktuffe des Tonberges (S. 66) gefundenen Gyraulen. Gyraulus rossmaessleri Auersw. kommt mithin nur im Cyrenenkies von Höngeda vor.

Kommt Dreissensia polymorpha Pall. im Brackwasser vor?

Von

Ernst Schermer, Lübeck.

In der neueren Literatur scheint Unsicherheit über diese Frage zu herrschen, die wahrscheinlich durch eine Notiz im Lampert „Das Leben der Binnengewässer" verschuldet ist. Dort heißt es: „Eine Verschleppung über See, eventuell in den früheren Zeiten von der Ost- in die Nordsee, ist jedoch nur möglich durch feuchtes Holz, da die Dreissensia gegen Meerwasser empfind-

lich ist und in ihm nicht existieren kann. Ein hübsches
Beispiel hierfür bietet das Absterben dieser Muschel
im Flemhuder See im Jahre 1895, als dieser infolge
Erbauung des Kaiser-Wilhelm-Kanals, in welchen sich
der genannte See entwässert, brakisch wurde." Auch
in der Untertrave bei Lübeck konnte ich das Zurück-
weichen dieser Muschel nachweisen, als infolge der
Regulierung des Flußlaufes das Ostseewasser sieben
Kilometer weiter eindringen konnte[1]). Im Laufe dieses
Jahres fand ich aber bei Schleswig die Dreissensia
im Haddebyer Norr im Brackwasser, nicht einzeln,
sondern recht zahlreich, wenn auch nicht in solchen
Massen wie sie z. B. stellenweise in Seen auftritt.
Auch die Größe der Stücke war erheblich geringer.

Nachprüfung der Literatur ergab nun aber, daß
B r a n d t, auf den L a m p e r t sich bezogen hatte, zwar
über das Aussterben von Süßwassertieren im Flemhuder See berichtet hat, aber in einer anderen Arbeit
gerade *Dreissensia polymorpha* als Ausnahme hin-
stellt. „Im Flemhuder See habe ich vergeblich nach
lebenden Exemplaren von Dreissena gesucht; leere
Schalen waren in großer Menge vorhanden. Auch in
anderen Seen des Kanalgebiets scheint die Süßwasser-
fauna und -flora vollkommen vernichtet und durch
Ansiedlung von Brack- und Seewassertieren ersetzt zu
sein." „Die Süßwassertiere sind durch das ein-
dringende Seewasser schon bis zum November des
vorigen Jahres fast völlig vernichtet gewesen. Inter-
essanterweise fanden sich aber 2 echte Süßwassermollusken in vereinzelten Exemplaren noch im März 1886
lebend in der Mitteleider zwischen dem Kanal (km 65)
und der Stadt Rendsburg, nämlich die festgesponnene

---

[1]) Vielleicht ist das Eingehen dieser Art auf die Ver-
schmutzung durch Abwässer zurückzuführen. D. Verf.

Dreikantmuschel, *Dreissenia polymorpha,* und die kleine dickschalige Schnecke *Neritina fluviatilis.* Die Exemplare haben mindestens 8 Monate in Wasser von ziemlich wechselndem, aber zeitweise recht beträchtlichem Salzgehalt (bis 18 Promille) gelebt."

Lemmermann (1898) hat die Larven der *Dreissensia* im Plankton des Waterneverstorfer Binnensees festgestellt. Die Muschel selbst scheint dort bisher übersehen zu sein. Vanhöffen (1907) gibt ausdrücklich an, daß diese Muschel im Frischen Haff sowohl im Süß- als auch im Brackwasser vorkommt.

Es kann also kein Zweifel darüber herrschen, daß Dreissensia polymorpha an verschiedenen Stellen im Brackwasser lebt. Es wäre aber recht interessant, wenn noch Mitteilungen über weitere Fundorte bekannt würden und gleichzeitig untersucht würde, welchen Salzgehalt diese Art ertragen kann und wie stark die Schwankungen sind, welchen sie im Unterlaufe der Ströme ausgesetzt ist.

_____

Die Land= und Süßwassermollusken des Tertiär= beckens von Steinheim am Aalbuch.
2. Fortsetzung (Vgl. Nachrichtsblatt 1919, Heft 1, S. 1—23).
Von
F. Gottschick.

Familie Oleacinidae.
Genus Poiretia, Fischer.
Subgenus Palaeoglandina, Wenz, 1914.

17. Poiretia (Palaeoglandina) gracilis porrecta Gobanz und Poiretia (Palaeoglandina) gracilis porrecta Gobanz fa steinheimensis Jooss.

1900. *Glandina porrecta* (var. zu *inflata* Reuss) K. Miller, Die Schneckenfauna des Steinheimer

- Obermiocäns, Jahreshefte des Vereins f. vaterl Naturkunde in Württemberg, S. 401.

1911. *Glandina (Euglandina) inflata* Reuss var. *norrecta* Gottschick, Aus dem Tertiärbecken von Steinheim a. A., Jahreshefte des Vereins f. vaterl. Naturkunde in Württemberg, S. 530.

1918. *Palaeoglandina gracilis* var. *steinheimensis* Jooss, Vorläufige Mitteilungen über tertiäre Land- und Süßwassermollusken, Zentralblatt f. Min. etc., S. 288.

In Steinheim kommen vorwiegend die kleinen Formen (bis zu 33 mm Länge), die Jooss als var. steinheimensis ausgeschieden hat, vor, es ist aber auch wenigstens ein Bruchstück einer großen starkschaligen Form gefunden, so daß man die kleinen wohl nicht als Lokalform ansehen kann, sondern eher als Hungerform betrachten darf. Die Bezeichnung var. porrecta Gobanz habe ich trotz Jooss beibehalten, da ich auf Grund einer Mitteilung von Herrn Dr. Wenz-Frankfurt der Ansicht bin, daß *porrecta* wirklich die obermiocäne Form darstellt.

In Steinheim hat sich diese Art bis jetzt bloß in der Sandgrube gefunden. Daselbst, und noch häufiger in der Tróchiformisbank bei den Feldlesmähdern, findet man große und kleine kokonähnliche Gebilde, die man wohl als Poiretieneier ansehen darf; einzelne langgezogene, mehr oder weniger zugespitzte Gebilde gehören aber wohl nicht zu ihnen.

Subgenus Pseudoleacina, Wenz, 1914.

18. Poiretia (Pseudoleacina) eburnea hildegardiae Gottschick.

1911. *Oleacina (Bollenia) hildegardiae* Gottschick, wie oben S. 498.

Vom Typus der mehr länglich-eiförmigen, stärker

gedrungenen eburnea Klein des Sylvanakalks abweichend durch mehr walzen- bezw. pfriemenförmige Gestalt (nicht jedoch durch die Skulptur).

Nahe steht ihr auch *P. neglecta* Klika von Tuchorschitz bezw. die ihr entsprechende Form der Oepfingerschichten (Donaurieden); die Steinheimer Form ist aber in der Regel noch etwas schlanker und etwas stärker gestreift, (das Gewinde ist im Verhältnis zur Länge der Mündung bei hildegardiae etwas länger als bei *neglecta,* wenigstens bei dem mir vorliegenden spärlichen Material von letzterer Art).

Von mir nur in den Kleinischichten gefunden und auch hier selten.

Kleine kokonähnliche Gebilde, die in den Kleinischichten und in der Sandgrube gefunden werden, sind wohl Eier dieser Art.

Familie Limacidae.
Genus Limax.
19. Limax crassissimus Jooss.

1902. *Limax crassissimus* Jooss Beiträge zur Schneckenfauna des Steinheimer Obermiocäns, Jahreshefte d. V. f. v. N. S. 303.

Bis jetzt, soviel mir bekannt, nur ein paar auffallend milchweiße, gar nicht so gelb, wie die übrigen sicher fossilen Limaciden aussehende Kalkschilder gefunden.

20. Limax sp. (vielleicht crassitesta Reuss?).

Einige dünne, gelbfarbige Plättchen aus den Kleinischichten sind wohl wegen des mehr nach links gerückten Nucleus dem Genus Limax zuzurechnen, genügen aber nicht zu sicherer Bestimmung.

Genus Amalia.
Subgenus Sansania.
21. Amalia (Sansania) larteti Dupuy.

Eine größere Anzahl bald dickschaliger, bald

dünner gelber Kalkplättchen gehört wohl zu dieser Art
(Journal de Conchyliologie I, 1870, S. 300, Taf. XV,
Fig. 1), wenigstens stimmt nach einer Mitteilung von
Herrn Dr. Wenz **die** hiesige Form gut mit der Abbildung überein. Der Wirbel liegt in der Hauptsache
median, einzelne Stücke zeigen allerdings Abweichungen
(den Wirbel mehr gegen die linke Seite gerückt), doch ·
beruht dies vielleicht mehr auf Unregelmäßigkeiten im
Wachstum. Im Umriß zeigen sie ein längliches Vier-
eck; auf der Unterseite zeigen die meisten Stücke eine
eigenartige Skulptur, zum Teil infolge kristallinischer
Bildungen; nur einzelne Stücke der Kleinischichten
lassen fast gar keine Streifung bezw. Körnelung sehen;
an den wohl auch hierher gehörigen wenigen Stücken
der Sandgrube konnte ich keine bezw. nur wenig
Skulptur finden.

22. **A m a l i a (S a n s a n i a) s p.**

Eine schmälere, mehr länglich-ovale Form, auch
von gelber Farbe, scheint durch keine Uebergänge
mit der vorigen Form verbunden zu sein und muß
daher wohl als besondere Art angesehen werden. Die
Schale ist ziemlich flach; man findet keine so hoch-
rückigen Stücke dabei, wie bei der vorigen Art. Auf
der Unterseite keine Skulptur.

In der Sandgrube und in den Kleinischichten ziemlich selten.

Familie Vitrinidae.
Genus Vitrina.

23. **V i t r i n a (V i t r i n a) s u e v i c a S d b g r. und
V i t r i n a (V i t r i n a) s u e v i c a S d b g r. fa. e r e c t a
n. f.**

1868. *Neritina fluviatilis* Fraas. Begleitworte zur geol.
Spezialkarte von Württemberg, Atlasblatt Hei-
denheim, S. 14.

1874. *Vitrina suevica* Sandberger. Vorwelt, S. 602.

1900. *Vitrina suevica* Müller l. c. S. 396.
1911. *Vitrina (Phenacolimax) suevica* Gottschick l. c.
S. 499.

In der Sandgrube ziemlich selten, in den Kleinischichten stellenweise häufig.

Die gewöhnliche Form dürfte übereinstimmen mit
den Formen des Sylvanakalks (Hohenmemmingen
usw., Undorf), die auch bald flach-, bald etwas höher
gewölbt sind.

Daneben kommt in der Sandgrube eine Form vor,
die ich als *erecta n. f.* besonders ausscheiden möchte.
Das Gewinde dieser Form erhebt sich erheblich stärker
über den letzten Umgang; die Umgänge sind rundlicher, oben stärker gewölbt, unten nicht so stark abge-
flacht; der letzte Umgang ist bei weitem nicht so stark
erweitert, das Gewinde ist infolgedessen etwas breiter
als die Hälfte der Gesamtlänge. An einem gut erhaltenen Stück tritt dieser Unterschied so stark hervor,
daß ich zunächst im Zweifel war, ob nicht eine besondere Art vorliege, es kommen jedoch Uebergänge
vor. Die *fa. erecta* steht der Vitrina pellucida Müll.
sehr nahe, während die gewöhnliche Form der *Vitrina
major* Fér. nahe verwandt ist (vgl. Sandberger Vorwelt
S. 602). Das eine besonders auffallende Stück der
Sandgrube hat außerdem stärker ausgeprägte Längslinien (aus dicht aneinander gereihten punktförmigen
Vertiefungen bestehend), während ·für gewöhnlich die
Längslinien wesentlich schwächer sind, bei manchen
Stücken fast ganz erlöschen.

Fa erecta selten.

Familie Zonitidae.
Genus Zonites, Montfort.
Subgenus Aegopis, Fitzinger.

24. Zonites (Aegopis) verticilloides
Thomae.

1868. *Helix subverticillus* O. Fraas l. c. S. 15.

1902. *Archaeozonites subcostatus* Jooss. Jahreshefte des Vereins für vaterl. **Naturk.** in Württemberg, S. 304.

1911. *Archaeozonites subverticillus n. v.* Gottschick l. c. S. 499.

1912. *Archaeozonites subverticillus* var. *steinheimensis* Jooss. Nachrichtsblatt d. D. M. G. S. 31.

Der Unterschied von der typischen Form ist unbedeutend, namentlich sind die Umgänge, wenigstens bei dem Stück der Naturaliensammlung in Stuttgart kaum stärker gewölbt und ist der Nabel kaum enger.

Verticilloides ist eine alte Form, schon aus dem Oligocän bekannt; im sonstigen Obermiocän, insbesondere im Sylvanakalk, auffallenderweise meines Wissens bis jetzt nicht gefunden.

In Steinheim in der Sandgrube sehr selten, in den Kleinischichten noch nicht mit Sicherheit gefunden.

25. **Z o n i t e s (A e g o p i s) c o s t a t u s S d b g r.**

1911. *Zonites (Archaeozonites) subverticillus n. v.?* Gottschick a. a. O. S. 499.

— *Zonites (Archaeozonites) aff. heidingeri.* Gottschick a. a. O. S. 499.

1916. *Zonites (Aegopis) costatus* Gottschick u. Wenz: Die Sylvanaschichten von Hohenmemmingen und ihre Fauna, Nachrichtsblatt S. 22.

Es kommen in Steinheim Formen vor ganz ähnlich der im Nachrichtsblatt 1916, Taf. I, Fig. 1, abgebildeten von Hohenmemmingen; daneben trifft man aber auch etwas flachere, mit schärferer Kante, aber ebenfalls mit ziemlich engem und ziemlich plötzlich und steil abfallendem Nabel. Ganz so scharfkantige Formen, mit so scharf abgesetztem Kiel, wie man sie in Mörsingen findet, sind jedoch in Steinheim nicht gefunden. Ein

Stück aus den Kleinischichten glaubte ich ursprünglich wegen seiner ziemlich flachen Unterseite, in 'die sich der Nabel nicht so plötzlich, wie sonst bei costatus, einsenkt, als Varietät von subverticillus ansehen zu sollen; die etwas schwächere Wölbung der Umgänge und die schwächere Rippenstreifung weist aber das Stück doch mehr in die Nähe von *costatus*. Die geringe Größe (17 mm bei 5 Umgängen) erinnert einigermaßen an den Zonites *risgoviensis* Jooss (Jooss, Alttertiäre Land- und Süßwasserschnecken aus dem Ries, Jahreshefte d. V. f. v. N. i. W. 1912, Tafel IV, Fig. 3), ich möchte aber das Stück doch nur als kleine Form von *costatus* ansehen.

An den Embryonalwindungen, bei denen am ersten Umgang außer Spirallinien nur ganz schwache Querrunzeln zu sehen sind, treten bei costatus schon vom zweiten Umgange an deutliche Querrippchen auf, die rasch kräftiger werden und auf dem zweiten und bisweilen auch noch auf dem halben dritten sehr regel und gleichmäßig nebeneinander laufen und meist schwach S-förmig gekrümmt sind. Bei der mehr kugeligen Form von Oppeln (*conicus* Andreae) treten die Querrippchen auf diesen Umgängen auch sehr früh und kräftig auf, ebenso auch bei algiroides Reuss von Tuchoriz. Bei dem etwas feiner gerippten *subangulosus* aus dem Rugulosakalk treten die Querrippchen später und viel schwächer auf; dafür sind aber die Spirallinien besser sichtbar. An den auf die Embryonalwindungen folgenden Umgängen sind bei subangulosus wie bei costatus und den übrigen Formen die Querrippchen viel weniger gleich- bezw. regelmäßig; bei subangulosus und namentlich bei *algiroides* sind sie etwas schwächer als bei *costatus* und *conicus,* bei *algiroides* sieht man dementsprechend die Spirallinien noch am letzten Umgang ganz deutlich.

In Steinheim in den Kleinischichten selten, in der
Sandgrube nur 1 unausgewachsenes Stück.

26. Z o n i t e s (A e g o p i s) s u b c o s t a t u s S d b g r.
1911 *Zonites (Archaeozonites) subcostatus?* Gottschick,
Jahreshefte, S. 499.

An einem wie ich glaube sicher zu dieser Art zu
rechnenden, leider nicht ganz gut erhaltenen Stück ist
der letzte Umgang gerundet, nur in der Nähe des vor-
letzten Umgangs ist noch die Andeutung einer Kante
zu sehen; unten ist er ganz platt, der Nabel ist weit
und senkt sich sich ganz allmählich ein, im Gegensatz
zu *costatus,* der einen engen, meist sich ziemlich plötzlich einsenkenden Nabel hat; der Umstand, daß das
Gehäuse von *subcostatus* niederer und flacher ist, ge-
nügt meines Erachtens nicht, um aus dem engen Nabel
des costatus einen so weiten, wie ihn *subcostatus* hat,
entstehen zu lassen; es ist wohl anzunehmen, daß sich
eine besondere Art abgezweigt hat. Sandberger sagt
Vorwelt S. 604, *subcostatus* habe „zahlreichere und
schwächere Rippen" als *costatus;* bei dem hiesigen
Stück ist die S k u l p t u r a n d e n E m b r y o n a l w i n -
d u n g e n g l e i c h w i e b e i c o s t a t u s, bei den folgenden sind die Rippchen, soweit man an dem Stück
sehen kann, in der Tat etwas zahlreicher und schwächer,
flacher. Anfangs sind die Windungen etwas breiter
und nehmen hernach etwas langsamer zu, als bei den
meisten *costatus,* bei denen die Windungen meistens
anfangs sehr schmal sind und später ziemlich stark zu-
nehmen; *subcostatus* nähert sich in dieser Hinsicht
einigermaßen dem lebenden *verticillus* Fér. In die
Nähe des letzteren gehört subcostatus vor allem auch
durch seinen weiten Nabel und die flache Unterseite der
Umgänge; *(verticilloides* Thomae mit seinem engen
Nabel steht in dieser Hinsicht ferner). *Subcostatus*

hat jedoch keine so starke Spiralstreifung wie *verticillus*. Sandberger erwähnt den *subcostatus* noch aus der oberen Süßwassermolasse von Haeder, Oeningen (Baden) und Würrenlos (Ct. Aargau).

Am Sommerhang des Nordrandes des Beckens fand ich in einem Steinbrocken eine größere Anzahl dieser Art, habe aber nur 1 Stück annähernd ganz herausgebracht. _____ (Fortsetzung folgt.)

Verfahren zur
Gewinnung von Konchylienschalen aus Genist.

Von
A. T e t e n s, Freiburg i. Br.

Um eine rasche und möglichst reine Ausbeute von Konchylien aus dem Genist von Flüssen zu erhalten, wende ich ein sehr einfaches und zuverlässiges Verfahren an, das verdient, in weiteren Kreisen bekannt zu werden.

Das gesammelte Genist wird zunächst oberflächlich getrocknet und hierauf mittels Sieb die größten Holzteile entfernt. Alles übrige kommt mit reichlich Wasser in einen geräumigen Kochtopf und wird fünf Minuten lang gekocht. Hierauf nimmt man das Gefäß vom Feuer und läßt kaltes Wasser zulaufen, bis der Inhalt gut abgekühlt ist. Sämtliche Konchylien sinken beim Umrühren zu Boden, da durch das Kochen alle Luft aus denselben vertrieben wird und sich bei der Abkühlung der Wasserdampf im Innern zu Wasser kondensiert. Die Holz- und Pflanzenteile bleiben fast alle in Schwebe und können leicht von den Schneckenschalen abgegossen bezw. herausgespült werden. Es geschieht dies am einfachsten, wenn man langsam Wasser nachlaufen läßt und den Topf schwenkt.

Durch ein untergehaltenes Sieb kann man sich über-
zeugen, daß keine Konchylien verloren gegangen sind.
Das Verfahren, so einfach es erscheint, arbeitet mit
der größten Zuverlässigkeit. Selbst die kleinsten Formen, wie Vertigo, Carchium können sämtlich gewonnen
werden.

Literatur.

Boettger C. R., Die Molluskenausbeute der Hansea-
tischen Südsee-Expedition. — Abh. d. Senckenberg.
Naturf. Ges. XXXVI, Heft 3, p. 287—308, Taf. 21
bis 23.

> Neu: Lamprocystis encosmia, Nesonanina n. g., N. wolfi,
> Medyla (Concuplecta) globulus, Dendrotrochus vicarius,
> Papuina wolfi, P. rhynchota, P. dampieri smithi, P. lambei
> matthiae, P. gowerensis, Partula (Melanesica) mathildae,
> Omphalotropis (Stenotropis) subimperforata

Frankenberger, Z., Ueber einige kaukasische Heliciden.
— Archiv für Naturgeschichte. Jg. 83, p. 67—77.

> Ergebnisse der anatomischen Untersuchung von Frutico-
> lampylaea appeliusi Wstld., F. pratensis solidior Kob. Verf.
> kommt zu dem Schluße, daß die Gruppe Fruticolampylaea
> heterogene Elemente enthält und daher aufzuspalten ist,
> Als Typus ist F. narzanensis Kryn. zu betrachten; appe-
> liusi ist vermutlich eine Monacha, pratensis eine Fruticicola
> s. str. Neu beschrieben wird Fruticicola (Monacha) veselyi
> von Ananur im Zentralkaukasus und Helix (Tachea) atro-
> labiata komáreki. Eine Abtrennung dieser letzteren Form
> und ihrer Verwandten in ein besonderes Genus Caucoco-
> tachea C. Bttg. hält der Verfasser für überflüssig.

Geyer, D., Germania zoogeographica. — Jahresh. d.
Ver. f. vaterl. Naturk. in Württemberg. Jg. 74, 1918,
p. 183—193.

> Im Anschluß an entsprechende Untersuchungen von Verhoeff
> über Diplopoden, wird die Frage der zoogeographischen
> Gliederung Deutschlands auf Grund der Land- und Süß-
> wassermollusken behandelt und zu den Ergebnissen Vor-
> hoeffs Stellung genommen.

Herausgegeben von Dr W Wenz — Druck von P Hartmann in Schwanheim a M.
Verlag von Moritz Diesterweg in Frankfurt a. M.

Ausgegeben: 28. Juli 1919.

Heft IV. Oktober—Dezember.

Nachrichtsblatt

der Deutschen

Malakozoologischen Gesellschaft

Begründet von Prof. Dr. W. Kobelt.

===== Einundfünfzigster Jahrgang (1919). =====

Das Nachrichtsblatt erscheint in vierteljährlichen Heften.
Bezugspreis: Mk. 10.—.
Frei durch die Post und Buchhandlungen im In- und Ausland.
Preis der einspaltigen 95 mm breiten Anzeigenzeile 50 Pfg.
Beilagen Mk. 10.— für die Gesamtauflage.

Briefe wissenschaftlichen Inhalts, wie Manuskripte usw. gehen
an die Redaktion: Herrn **Dr. W. Wenz,** Frankfurt a. M.,
Gwinnerstr 19
**Bestellungen, Zahlungen, Mitteilungen, Beitrittserklä-
rungen, Anzeigenaufträge** usw. an die Verlagsbuchhandlung von
Moritz Diesterweg in Frankfurt a. M.
Ueber den Bezug der älteren Jahrgänge siehe Anzeige auf
dem Umschlag.

Inhalt:

Geschäftliche Mitteilungen.

Trotz der wiederum erhöhten Herstellungskosten des Nachrichtsblattes sehen wir von einer Heraufsetzung des Bezugspreises für die Mitglieder ab, für die die Zusendung kostenfrei durch den Verlag M. Diesterweg erfolgt. Dagegen erhöht sich der Preis für die Nichtmitglieder, bei dem Bezug durch Buchhandlungen im Inland, auf M. 12.—.

Infolge der gegenwärtig herrschenden Valutaverhältnisse sehen wir uns genötigt, den Bezugspreis in den verschiedenen Ländern folgendermaßen zu regeln:

Deutsches Reich, Deutschösterreich, Tchechoslowakei, Polen, Rußland, Finnland, und Jugoslavien: 10 M· in deutscher Währung.

Frankreich, Belgien, Schweiz, Italien, Spanien, Portugal und deren Kolonien: 12,50 Franken, resp. Lire, Peseten etc.

Großbritanien und Kolonien: 10 Schillinge.

Niederlande· 5,75 Gulden.

Dänemark, Schweden, Norwegen: 9 Kronen.

Vereinigte Staaten von Nordamerika und mittel- und südamerikanische Staaten: 2,50 Dollars.

Um unseren Mitgliedern die Erwerbung der früheren Jahrgänge unseres Nachrichtsblattes zu erleichtern, haben wir den Preis wie folgt herabgesetzt.

1 Jahrgang der Reihe 1881—1912: M. 3, resp. Franken (Lire, Peseten) 3,75, Schill. 3, Guld. 1,75, Kron. 2,75, Doll. 0,70.

Bei Bezug von mindestens 10 Jahrgängen der Reihe: M. 2,50, resp. Fr. (Lire, Pes) 3,25, Schill. 2'/₄, Guld. 1,50, Kron. 2,25, Doll. 0,55.

1 Jahrgang der Reihe 1913—1917: M. 7.50, resp. Fr. (Lire, Pes.) 9,50, Schill. 7 ,₁, Guld. 4,25, Kron. 6,5, Doll. 1,80

Für die Jahrgänge 1918— 1919 gelten die gegenwärtigen Bezugsbedingungen.

Außerdem sind die Jahrgänge VIII—XIV (1881—1887) der Jahrbücher der deutschen malakozoologischen Gesellschaft in wenigen Exemplaren vorhanden, zum Preis von M . 10, resp. Fr. (Lire, Pes.) 12,50, Schill. 10, Guld. 5,75, Kron. 9, Doll. 2,50.

Bestellungen der Mitglieder sind an die Verlagsbuchhandlung Moritz Diesterweg, Frankfurt a. M., zu richten.

·Bei dem Bezug durch inländische Buchhandlungen erhöben sich die Preise der älteren Jahrgänge um 20 "/o.

Da einzelne Jahrgänge fast erschöpft sind, werden wir ihren Preis binnen kurzem in die Höhe setzen müssen.

Heft 4.   Oktober 1919.

Nachrichtsblatt
der Deutschen
Malakozoologischen Gesellschaft.
Begründet von Prof. Dr. W. Kobelt.

Einundfünfzigster Jahrgang.

Zur Anatomie und Systematik der Clausiliiden.
Von
Dr. A. Wagner, in Diemlach bei Bruck (Mur).

(Fortsetzung), vgl. Heft III, S. 87—104.

Genus Delima Hartmann ex. rect. mea.

Das Gehäuse mitunter dekollierend, hornfarben bis dunkelrotbraun mit schwach und unvollkommen entwickelter opaker Oberflächenschichte, welche nur ausnahmsweise die ganze Oberfläche (Siciliaria nobilis Pfr.) überzieht, in der Regel aber nur auf einen hellen Nahtfaden, solche Papillen oder die Rippchen reduziert ist; vereinzelt sind auch weiße Stricheln (Gruppe der D. platystoma K.) vorhanden.

Die durchschnittlich schwache Skulptur besteht nur ausnahmsweise aus scharfen Rippchen oder Rippen, zumeist sind nur die feinen Zuwachsstreifen vorhanden, welche oft auf den oberen Umgängen und dem Nacken deutlicher werden. Diese Radialskulptur entspricht nur den Zuwachsstreifen und ist zumeist mit dem Gehäuse gleichfärbig, nur bei wenigen Formen erstreckt sich die opake Oberflächenschichte auch auf einen Teil oder die ganzen Rippen, wie dies bei den früher besprochenen Gruppen Alopia s. str. und besonders Albinaria Vest regelmäßig der Fall ist.

Der Schließapparat ist bei Talformen vollkommen, bei Höhenformen rudimentär und in nachstehender Weise eigenartig entwickelt. Bei Talformen finden wir die kräftig und als scharfe Leisten entwickelten Ober-, Unter- und Spirallamellen; neben der langen und als scharfe Leiste erhobenen Prinzipalfalte sind regelmäßig nur die obere und die Basalfalte vorhanden und mit der ebenfalls konstanten Mondfalte verschmolzen, aber zumeist nur in ihren hinteren Aesten deutlich entwickelt. Die hinteren Aestc der Gaumenfalten sind ohne deutliche Grenzen mit der Mondfalte verschmolzen und werden aus diesem Grunde vielfach übersehen und für Teile der Mondfalte gehalten, wie aus den Beschreibungen hervorgeht. Meine Beobachtungen des in verschiedenem Grade reduzierten Schließapparates der Höhen- und Küstenformen begründen jedoch die hier und anderorts vorgebrachte Ansicht. Der vordere Ast der Basalfalte ist oft nur sehr kurz bis obsolet, wird jedoch häufig wie der vordere Ast der oberen Gaumenfalte durch eine faltenartige Fortsetzung des Gaumenkallus ergänzt. Diese vom Gaumenkallus ausgehenden falschen Gaumenfalten bleiben jedoch stets von der Mondfalte getrennt (Formenkreise Binodata, Cattaroensis). Von weiteren Falten des Schließapparates sind hier noch die Spindelfalte, eine oft sehr kräftig entwickelte Nahtfalte, sowie bei einzelnen Gruppen die Lamella inserta vorhanden. Sowohl die Gaumenfalten, als die Mondfalte erscheinen bei aufgebrochenem Gehäuse als deutlich begrenzte und erhobene Leisten entwickelt.

Das stark S-förmig gebogene Clausilium besitzt eine rinnenförmig gehöhlte, vorne oft auffallend verdickte, abgerundete oder schwach und undeutlich ausgerandete Platte.

Als Ergänzungen des Schließapparates treten hier nur ausnahmsweise stärkere, kielartige Faltungen des Nackens auf (Subgenus Carinigera Mlldff.).

Eine rudimentäre Entwicklung des Schließapparates habe ich hier einerseits bei Höhenformen der Alpen, andererseits bei einzelnen Küstenformen Süddalmatiens beobachtet. Die Höhenformen (Gruppe der D. stentzii Rssm.) zeigen eine ähnliche Reduktion des Schließapparates, wie sie bei Höhenformen der Gruppen Alopia Ad., Herilla Bttg., Albinaria Vest beobachtet wurden; die Lamellen und Falten der Mündung werden kürzer und niedriger, doch schwindet die Mondfalte nur ausnahmsweise vollkommen, ebenso wird das Clausilium nur kleiner und schmäler, ist jedoch stets vorhanden. Bei diesen Höhenformen erscheint auch wie bei den siebenbürgischen Alopien die opake Oberflächenschichte mit zunehmender Seehöhe besser entwickelt. Bei den Formen der Inseln und Küstengebiete Süddalmatiens äußert sich eine Reduktion des Schließapparates zunächst in einer Verkümmerung der Mondfalte, welche schließlich obsolet wird, während Falten und Lamellen der Mündung in geringem Grade kürzer und niedriger werden (Formenreihen der D. crenulata Rssm., D. fulcrata Rssm., D. stigmatica Rssm.).

Sexualorgane: Der Penis erscheint am Uebergange in den Epiphallus angeschwollen bis zwiebelartig verdickt, besitzt niemals ein Divertikel, aber stets einen kräftigen Musc. retractor. Das Divertikel des Blasenstiels ist viel länger, aber wesentlich dünner als dieser, auch steht der Blasenstiel mit dem Retraktorensystem in Verbindung.

Die Radula mit einspitziger bis dreispitziger Mittelplatte.

Das Verbreitungsgebiet des Genus Delima ex. rect.

mea. umfaßt zunächst die Küstenländer der Adria, also die südlichen Alpenländer, Italien, Sizilien und den westlichen Teil der Balkanhalbinsel; vereinzelte, zum Teile zweifelhafte Formen leben auf Korsika, Malta, Lampedusa, Tunis und Kreta. Das Zentrum oder den Ausgangspunkt dieser Verbreitung bilden jedoch die dalmatinischen Inseln und Küstengebiete, hier lebt auf verhältnismäßig sehr beschränktem Gebiet eine Fülle gut begrenzter und konstanter Formen, wie sie sonst nur in Tropenfaunen beobachtet wurden.

Die abweichenden Verhältnisse der Gehäuse bedingen eine weitere Unterteilung der zahlreichen Formen in Formenkreise oder Subgenera.

Subgenus Mauritanica Boettger.

Das Gehäuse oft dekollierend mit deutlicher entwickelter opaker Oberflächenschichte und vielfach sehr kräftiger aus scharfen, fadenförmigen bis nahezu flügelartigen Rippen bestehender Radialskulptur, welche wie bei Albinaria hell gefärbt ist und sich gegen das dunklere Gehäuse lebhaft abhebt; am Nacken vielfach ein schwacher Doppelkiel; der vordere Ast der Basalfalte kurz bis obsolet.

Die Sexualorgane und die Radula der bereits untersuchten Formen wie bei der typischen Gruppe Delima.

Delima (Mauritanica) tristrami Pfr. Tunis.

„	„	lopedusae Calc. Insel Lampedusa.
„		imitatrix Bttg. Malta.
„	.	sublamellosa Bttg. Kreta.

Subgenus Siciliaria Vest.

Die Gehäuse einzelner Arten regelmäßig dekollierend mit zumeist gut entwickelter Oberflächenschichte, daher weniger durchscheinend, zum Teile sogar kalkartig undurchsichtig. Die Radialskulptur ist deutlich, mitunter bis zu flügelartigen Rippen gesteigert und häufig von der opaken Oberflächenschichte überzogen. Ein heller Nahtfaden und helle Papillen sind gut entwickelt. Der vordere Ast der Basalfalte ist auffallend lang und kräftig, während die obere Gaumenfalte durch eine faltenartige Fortsetzung des Gaumenkallus ergänzt wird; daneben werden häufig noch akzessorische, ebenfalls vom Gaumenkallus ausgehende, falsche Gaumenfalten beobachtet. Die Platte des Clausiliums erscheint vorne verdickt, rinnenartig gehöhlt und abgerundet, mitunter seicht ausgerandet; der winklig abgerundete Außenrand ist lappenartig nach vorn umgeschlagen.

Die Sexualorgane wie bei der typischen Gruppe Delima s. str.

Die Radula mit ein- bis dreispitziger Mittelplatte.

Formenkreis Siciliaria s. str. Sicilien.

Formenkreis Gibbula Bttg. Italien, Kroatisches Küstenland, Nord-Dalmatien.

Formenkreis Stigmatica Bttg. Süddalmatien, Albanien, Nord-Griechenland.

Formenkreis Piceata Bttg. Mittel- und Süd-Italien.

Subgenus Carinigera Möllendorff.

Das Gehäuse nicht dekollierend, hornfarben und durchscheinend mit dünnem hellen Nahtfaden und solchen Papillen. Die Basalfalte ist im vorderen Aste lang und kräftig entwickelt, die obere Gaumenfalte durch einen faltenartigen Kallus ergänzt. Neben einem schwachen Basalkiel findet sich am Nacken noch ein auffallender mit der Gehäuseachse annähernd paralleler, vor der Mondfalte gelegener, faltenartiger Kiel. Die nur aus feinen Zuwachsstreifen bestehende Skulptur erscheint nur am Nacken und den oberen Umgängen

zu deutlichern Rippenstreifen gesteigert. Das Clausilium typisch. Die Sexualorgane und die Radula wie
bei der typischen Gruppe Delima s. str.

Delima (Carinigera) eximia Mlldff. aus Südserbien (Nis).
Delima (Carinigera) stussineri Bttg. Tempetal in
Thessalien.

Subgenus Delima Vest, s. str.

Das Gehäuse niemals dekollierend, hornfarben
durchscheinend bis durchsichtig, mit hellem Nahtfaden
und solchen Papillen, welche jedoch zuweilen vollkommen schwinden. Die Skulptur besteht zumeist nur
aus feinen, gleichmäßigen Zuwachsstreifen und erscheint nur ausnahmsweise zu Rippenstreifen und scharf
erhobenen Rippchen gesteigert, welche fast stets mit
dem Gehäuse gleichfärbig sind. Ausnahmsweise geht
die opake Oberflächenschichte der Nahtpapillen auch
auf einen Teil oder die ganzen Rippchen über (D.
fulcrata Rssm.). Am Schließapparat finden wir die
vorderen Aeste der Basal- und oberen Gaumenfalte
zumeist nur angedeutet oder obsolet, dafür werden
dieselben häufig durch faltenartige Ausläufer des Gaumenkallus ergänzt, welche dann jedoch von der Mondfalte getrennt bleiben. Die Platte des Clausiliums ist
vorne zumeist auffallend verdickt, rinnenartig gehöhlt,
abgerundet oder nur sehr undeutlich und seicht ausgerandet.

Die Sexualorgane und die Radula im allgemeinen
typisch; nur bei den Formenkreisen der Delima
platystoma K. und D. cattaroensis Rssm. erscheint
das Divertikel des Blasenstiels nur wenig länger und
wenig dünner als dieser, also ein Verhältnis wie bei
Herilla Ad.

Formenkreis der — platystoma K. = conspersa Pfr.
Süddalmatien, Montenegro, Nord-Albanien, Korfu.

Formenkreis der — itala Mart. Steiermark, Kärnten, Krain, Kroatien, Tirol, Südschweiz, Nord- und Mittel-Italien, Korsika, Böhmen, Schlesien.

Formenkreis der — conspurcata Rssm. Kroatien, Bosnien, Herzegowina, Dalmatien.

Formenkreis der — substricta Rssm. Mittel- und Süd-Dalmatien.

Formenkreis der — semirugata Rssm. Istrien, Kroatien, Dalmatien, Bosnien, Herzegowina, Montenegro, Nord-Albanien.

Formenkreis der — binodata Rssm. Istrien, Kroatien, Dalmatien, Bosnien, Herzegowina, Montenegro, Nord-Albanien.

Formenkreis der — cattaroensis Rssm. Süddalmatien, Montenegro, Nordalbanien, Epirus, Mazedonien.

Cl. sericata Pfr. von Dirphi auf Euboea könnte mit Rücksicht auf die Verhältnisse des Gehäuses und besonders des Schließapparates eine Delima sein, doch fehlt einerseits noch die Bestätigung durch die anatomische Untersuchung, andererseits erwiesen sich andere, der Schale nach jener sehr ähnlichen Arten, wie Albinaria arthuriana Blc., A. candida Pfr. anatomisch als richtige Albinarien.

Clausilia (Heteroptycha) helvola K. aus Süddalmatien, für welche Westerlund wegen des der Prinzipalfalte parallelen Nackenwulstes die Gruppe Heteroptycha errichtet, steht meiner Delima apfelbecki Wagner sehr nahe und ist wie diese eine Delima aus dem Formenkreise der — cattaroensis Rssm. oder — subcristata K. wie schon Küster richtig angibt.

Genus Neoserbica n.
(Syn. Serbica Bttg. part.)

Das Gehäuse nicht dekollierend, durchscheinend, hornfarben bis dunkelrotbraun mit zumeist nur sehr schwach entwickelter opaker Oberflächenschichte,

welche nur ausnahmsweise einen Teil der Oberfläche
überzieht und so eine grünblaue Trübung hervorruft,
zumeist aber nur auf einen feinen, mitunter undeutlichen, hellen Nahtfaden reduziert erscheint. Die
immer schwach entwickelte Skulptur besteht vorzüglich
aus feinen Zuwachsstreifen, welche nur auf den oberen
Umgängen und dem Nacken in deutlichere und
schärfere Rippenstreifen übergehen. Die Mündung und
der Schließapparat weisen eigentümliche und sehr charakteristische Verhältnisse auf. Der Umriß der trichterförmig erweiterten Mündung ist annähernd ohrförmig,
da der Sinulus auffallend hinaufgezogen, der Mundsaum stark verbreitert ist. Der Schließapparat erscheint
auffallend kräftig entwickelt; die Lamellen und besonders die Unterlamelle sind lang und hoch, die Basal-
und die obere Gaumenfalte sind auch in ihren vorderen
Aesten lang, die Basalfalte geradezu exzessiv entwickelt; daneben treten noch ein bis zwei mittlere,
etwas kürzere Gaumenfalten, eine Nahtfalte, sowie die
mehr oder minder rudimentäre, bis obsolete Mondfalte
auf. Die Mondfalte wird zumeist nur durch knoten-
förmige Verdickungen der Basalfalte, mitunter auch der
übrigen Gaumenfalten angedeutet; diese Verdickungen
verschmelzen bei anderen Formen zu einer kurzen
Leiste, welche aber höchstens von der Basalfalte bis
zur mittleren Gaumenfalte reicht. Die Spindelfalte ist
zumeist nur schwach entwickelt.

Das Clausilium mit breiter, vorne tief, aber schmal
ausgerandeter und dadurch zweilappiger Platte.

Sexualorgane: Der Penis ist am Uebergange in
den Epiphallus verdickt, ohne Divertikel, aber mit
kräftigem Musc. retractor. Das Divertikel des Blasenstiels ist länger aber dünner als dieser.

Die Radula mit einspitziger Mittelplatte.

Neoserbica macedonica Rssm., Mazedonien.

Neoserbica macedonica choanostoma Wagner, Vodena in Mazedonien.

Neoserbica schatzmayri Wagner, Berg Athos.

Neoserbica marginata Rssm., Siebenbürgen, Banat.

Neoserbica marginata auriformis Mss., Bulgarien.

Neoserbica transiens Mlldff., Bulgarien, Südserbien.

Neoserbica frauenfeldi Rssm., Südserbien und Ost-albanien.

Die Formen dieser Gruppe wurden bisher trotz ihrer so charakteristischen und konstanten Merkmale bei drei wesentlich abweichenden Gruppen eingeteilt. Auch in diesem Falle war es zunächst die Ueberein-stimmung der anatomischen Merkmale, welche auf die nahen Beziehungen der hier vereinigten Formen hin-wies. Im übrigen lassen einzelne Formen dieses Genus wenigstens äußerlich Beziehungen zu andern Gruppen erkennen; so leitet N. marginata Rssm., besonders mit Rücksicht auf die vollkommen obsolete Mondfalte und die nahezu geschwundene opake Oberflächen-schichte zu Clausilia Drap. = Clausiliastra Mlldff. hinüber, ebenso N. transiens Mlldff. und N. frauen-feldi Rssm. zu Herilla Ad. Unverständlich erscheint mir jedoch die Beziehung der N. macedonica Rssm. zu der Gruppe Triloba Vest, wie sie O. Boettger an-genommen hat.

Genus Triloba Vest.

Das Gehäuse nicht dekollierend, verhältnismäßig groß, gedrungen und plump, hornfarben bis dunkelrot-braun und durchscheinend; von einer opaken Ober-flächenschichte sind nur undeutliche Spuren vorhanden, indem einzelne Exemplare unter der Lupe an der Naht einen feinen Nahtfaden und vereinzelte helle Papillen erkennen lassen. Der Schließapparat ist kräftig entwickelt, bleibt aber stets ohne Spur einer Mondfalte. Die Lamellen und Falten der Mündung sind als lange, hohe und kräftige Leisten entwickelt. Neben der langen Prinzipalfalte, einer ebenfalls langen Basalfalte und einer kürzeren oberen Gaumenfalte sind noch eine bis zwei kurze Gaumenfalten, außerdem bei einer Art eine Nahtfalte vorhanden. Die Skulptur besteht aus dichten, feinen und sehr gleichmäßigen Rippenstreifen, welche auf den mittleren Umgängen mitunter etwas schwächer, am Nacken aber wie auf den übrigen Windungen erscheinen.

Das Clausilium mit breiter, leicht rinnenförmig gehöhlter Platte ist vorn breit und tief ausgerandet, wodurch vorn ein größerer Spindel-, sowie ein kürzerer Außenlappen gebildet werden. Bei T. sandrii K. erhebt sich in der breiten Ausrandung ein kleiner mittlerer Lappen, welcher bei der zweiten bekannten Art — thaumasia Stur. fehlt.

Sexualorgane: Der spindelförmige Penis ist am Uebergange in den Epiphallus deutlich angeschwollen und daselbst außerdem mit einem ziemlich langen, schlauchförmigen Divertikel versehen. Der Musc. retractor pen. ist einarmig und kräftig. Das Divertikel des Blasenstiels ist wesentlich länger, aber dünner als dieser.

Die Radula mit deutlich einspitziger Mittelplatte.

Die systematische Stellung der T. sandrii K. war lange zweifelhaft, da bisher in den Sammlungen nur wenige der vom Meere an der Südküste Dalmatiens angespülten Exemplare vorhanden waren und so wenig Gelegenheit zur Untersuchung geboten wurde. Nur Vest dürfte das eigentümlich dreilappige Clausilium der T. sandrii K. gesehen haben, welches ihn veranlaßte, für diese Art die Gruppe Triloba aufzustellen.

O. Boettger stellte auch N. macedonica Rssm. zu dieser Gruppe, obwohl diese Art ein wesentlich anders geformtes zweilappiges Clausilium und auch sonst abweichende Verhältnisse aufweist. Eine dritte von O. Boettger beschriebene Art aus Montenegro T. tertia Bttg. erscheint mir sehr zweifelhaft, da der Autor das wesentlichste Merkmal, das Clausilium mit Stillschweigen übergeht. Abgesehen vom Clausilium zeigen die Formen dieser Gruppe in den Verhältnissen der Gehäuse wohl eine auffallende Uebereinstimmung mit dem Genus Clausilia Drap. = Clausiliastra Mlldff. So habe ich früher auch die Gruppe Triloba Vest als Subgenus bei diesem Genus eingeteilt. Inzwischen entdeckte E. Sturany in Albanien seine Triloba thaumasia, welche bei sonstiger Uebereinstimmung nur ein zweilappiges Clausilium aufweist und so dieses wesentliche Merkmal in seiner Bedeutung wesentlich herabsetzt. Im Sommer 1918 gelang es Dr. Penther des Wiener naturhistorischen Museums auf dem Berge Bastrik in Nordalbanien, ebenso den Herrn Prof. Dr. B. Ebner und H. Karny an der Lokalität Mamuras zwischen Alessio und Durazzo in Albanien lebende Exemplare der T. sandrii zu sammeln, welche ich untersuchen konnte. Die Untersuchung dieser Exemplare ergab nun das überraschende Resultat, daß T. sandrii K. mit Rücksicht auf Radula und Sexualorgane vollkommen dem Genus Alopia Ad. entspricht. Die immerhin eigentümlichen Verhältnisse der Schalen, welche zu Clausilia Drap. hinüberleiten in Verbindung mit dem anatomischen Befund veranlassen mich nun die Gruppe Triloba als besonderes Genus, welches anscheinend den Hochgebirgen des noch so wenig bekannten Albanien eigentümlich ist, beizubehalten.

Triloba sandrii K., Nordalbanien.

Triloba thaumasia Stur., Nordalbanien.
Triloba tertia Bttg.? Montenegro.

Genus Papillifera Vest.

Das Gehäuse einzelner Formenkreise regelmäßig
dekollierend, zumeist hellhornfarben bis rotbraun und
durchscheinend, seltener kalkartig weiß oder blaugrau
getrübt, indem die opake Oberflächenschichte zwar
konstant vorhanden ist, aber nur selten die ganze Oberfläche überzieht und zumeist auf die hellen Nahtpapillen
oder die Radialskupltur beschränkt bleibt.

Der Schließapparat ist konstant sehr gut, aber
eigenartig und von den bisher erörterten Gruppen der
Subfamilie auffallend abweichend entwickelt. Höhenformen wurden hier noch nicht beobachtet. Die besondere Eigenart des Schließapparates wird zunächst
durch die rudimentäre Entwicklung oder das vollkommene Schwinden der Spirallamelle und der echten
Gaumenfalten, sowie durch eine besondere Form des
Clausiliums gekennzeichnet; dafür treten hier am
Schließapparat neue bisher nicht beobachtete Elemente auf. Diese Einrichtung des Schließapparates
steht jedoch den bisher beobachteten Verhältnissen
nicht unvermittelt gegenüber, wird vielmehr durch all-
mähliche Uebergänge ausgeglichen. Die Ober-, Unterlamelle und Spindelfalte erscheinen unverändert; die
Spirallamelle fehlt vielfach vollkommen oder erscheint
nur als rudimentäres, mitunter nur angedeutetes Fältchen. An Stelle der Spirallamelle finden wir hier ein
Gebilde in der Form einer zweizinkigen Gabel, welches
aus zwei einander in spitzem, nach oben offenem
Winkel treffenden und dann verschmelzenden Schmelz-
leisten besteht. Die innere dieser Lamellen verläuft
von der Spindel schräg über die Mündungswand gegen
die Naht und trifft diese unterhalb der Mondfalte; man

bezeichnet dieselbe nach A. Schmidt als lamella
fulcrans; die äußere Lamelle endigt bei einigen Formen-
kreisen mit der L. fulcrans unter der Mondfalte, bei
anderen Formen wird sie länger, um schließlich die
Mündung im Sinulus zu erreichen und entspricht anscheinend der lamella parallela. Die konstant vorhandene Mondfalte stellt eine kräftige, wenig gebogene
Leiste dar, welche oben die Naht nicht erreicht.
Zwischen dem oberen Ende der Mondfalte und der
Naht finden wir bald nur rudimentäre, bald längere
Fältchen, welche als Nahtfalten bezeichnet werden.
Die echten Gaumenfalten, und zwar die Basalfalte
und die obere Gaumenfalte, ebenso die Prinzipalfalte
finden wir hier höchstens rudimentär entwickelt, und
zwar erscheinen dieselben als kurze Fortsätze an der
Rückseite der Mondfalte; nur ausnahmsweise sehen
wir auch die vorderen Aeste der Basalfalte entwickelt;
die bei einigen Formen auftretende, kräftige obere
Gaumenfalte halte ich jedoch für einen faltenartig ver-
längerten Gaumenkallus (P. syracusana Phil., P. pseudosyracusana Gatto). Das Clausilium besitzt einen
auffallend dünnen, spiralgedrehten Stiel, welcher mit
der breiten, flachrinnenförmig gehöhlten Platte einen
rechten Winkel bildet; die Platte ist außerdem abgerundet, an der Außenseite leicht verdickt und besitzt
am Uebergange in den Stiel an der Spindelseite eine
kleine, aber scharfe Einkerbung. Die geschilderten
Verhältnisse des Schließapparates erzielen einen vollkommenen Verschluß der Mündung, so daß der
Schwund oder die rudimentäre Entwicklung einiger
Lamellen und Falten durchaus nicht als Abschwächung
aufzufassen ist. Als Analogie eines Ventilationskanals
wie wir denselben bei anderen Gruppen durch die
Spirallamelle und Prinzipalfalte gebildet kennen gelernt

haben, kann hier einerseits der Spalt aufgefaßt werden, welcher dadurch entsteht, daß das Clausilium durch die Nahtfältchen verhindert wird sich hermetisch dicht an die Außenwand anzulegen, andererseits könnte die Einkerbung am Uebergange der Platte in den Stiel des Clausiliums der gleichen Funktion entsprechen.

Die Radula mit einspitziger Mittelplatte.

S e x u a l o r g a n e: Der Penis erscheint vor dem Uebergange in den Epiphallus leicht angeschwollen bis zwiebelartig verdickt; einige Formenkreise besitzen ein bald nur rudimentäres, bald exzessiv langes schlauchförmiges Divertikel, anderen Formenkreisen fehlt dieses vollkommen. Ein kräftiger Musc. retractor ist stets vorhanden.

Das Divertikel des Blasenstiels ist bei einigen Formenkreisen exzessiv lang und dünn (erreicht die doppelte Länge des Blasenstiels), bei anderen erscheint es wesentlich kürzer und nur wenig dünner als der Blasenstiel.

Das Verbreitungsgebiet des Genus Papillifera Vest umfaßt die Küstenländer des Mittelmeeres in Spanien, Frankreich, Italien, Sizilien, Tunis, sowie der Balkanhalbinsel mit den vorgelagerten Inseln. Westlich von Italien werden jedoch nur zwei Arten beobachtet, von welchen P. bidens L. auch im Osten und überhaupt an allen geeigneten Küsten des Mittelmeeres vorkommt, wohin dieselbe anscheinend durch die uralte Gartenkultur verschleppt wurde; so fand ich diese Art an den Adriaküsten stets nur in dem dicht an der Küste gelegenen Kulturboden und mit Vorliebe an Mauern und Ruinen. Das Zentrum des Verbreitungsgebietes der Papilliferen befindet sich jedoch in Griechenland mit den vorgelagerten Inseln der Aegeis, Malta und Ostsizilien, wo zahlreiche konstante und gut unter-

schiedene Formen auf verhältnismäßig beschränktem
Gebiete leben.

Konstante und auffallende Unterschiede einzelner
Formenkreise in Verbindung mit der geographischen
Verbreitung bedingen eine weitere Unterteilung in
Subgenera.

Subgenus Papillifera s. str.

Das Gehäuse mit mäßig entwickelter opaker Oberflächenschichte ist dementsprechend mehr oder minder
getrübt und wenig durchscheinend, mit deutlichen, oft
auffallenden Nahtpapillen. Die Skulptur besteht aus
dichten und feinen Zuwachsstreifen, welche nur ausnahmsweise zu schärferen Rippenstreifen gesteigert erscheinen. Am Schließapparat fehlen die echten Gaumenfalten vollkommen, oder werden nur durch
schwache Knötchen an der Rückseite beider Enden
der kräftigen Mondfalte angedeutet. Von dem Gaumenkallus verläuft mitunter eine faltenartige Verlängerung an der Stelle, wo sonst die Prinzipalfalte
liegt, erreicht jedoch die Mondfalte niemals. Die
Spirallamelle fehlt konstant vollkommen, an deren
Stelle findet sich die aus der lam. fulcrans und lam.
parellela gebildet Gabel; die lamella parallela endet
mit dem vorderen Aste unter der Mondfalte.

Sexualorgane: Der Penis stets ohne Divertikel, das Divertikel des Blasenstiels nahezu doppelt so
lang, aber viel dünner als der Blasenstiel.

Papillifera (Papillifera) solida Drap. Südfrankreich,
Nord-Italien bis Görz im Osten.

Papillifera (Papillifera) bidens L., Mittelmeerküsten.

Subgenus Isabellaria Vest.

Das Gehäuse mitunter dekollierend, mit zumeist
schwach entwickelter opaker Oberflächenschichte,
welche nur eine leichte blaugraue Trübung des horn-

farbenen bis rotbraunen Gehäuses hervorruft und außerdem auf einen feinen Nahtfaden und solche Papillen beschränkt ist; bei einem Formenkreise (— syracusana Phil.) treten jedoch auch kalkartig weiße und undurchsichtige Gehäuse auf. Die Skulptur besteht zumeist aus feinen und dichten Zuwachsstreifen, welche jedoch bei einzelnen Formen zu dichten, scharfen bis kräftigen Rippchen gesteigert erscheiñen. Am Nacken finden sich häufig zwei durch eine Furche geschiedene Basalkiele, von welchen der obere stärker entwickelt ist. Am Schließapparat finden sich zwischen dem oberen Ende der kräftigen Mondfalte und der Naht konstant ein bis drei Nahtfalten, welche bald schwach und kurz, bald lang und kräftig erscheinen und mitunter nahezu die Mündung erreichen; daneben treten an beiden Enden der Mondfalte Rudimente der echten Gaumenfalten auf. Die Basalfalte erscheint mitunter sogar in ihrem vorderen Aste deutlich entwickelt. Eine faltenartige Verlängerung des Gaumenkallus ergänzt mitunter die obere Gaumenfalte und macht den Eindruck der echten Prinzipalfalte, wofür sie vielfach gehalten wird. Die Beobachtung verschiedener Uebergangsformen hat jedoch deren richtige Deutung ermöglicht. Die Spirallamelle wird bei einigen Formen als rudimentäres Fältchen zwischen Parallellamelle und Unterlamelle beobachtet. Die Lamella parallela ist konstant über die Mondfalte hinüber verlängert und erreicht häufig im Sinulus den Mundsaum. Das Clausilium typisch. Die Radula typisch.

Sexualorgane: Der Penis besitzt (so weit die Formen diesbezüglich untersucht wurden) ein langes, dünnes, mitunter extrem entwickeltes Divertikel, dafür erscheint die Anschwellung am Uebergange in den Epiphallus schwach bis obsolet.

Das Divertikel des Blasenstiels erscheint bald auffallend lang und dünn, bald kürzer und wenig dünner
als Blasenstiel mit Samenblase.

·Nachstehend die mir bisher bekannt gewordenen
Formen, von welchen jedoch nur ein geringer Teil auch
anatomisch untersucht werden konnte, so daß die Beurteilung ihrer systematischen Stellung zum Teil nur
mit Rücksicht auf die Verhältnisse des Gehäuses und
deren Analogie mit untersuchten Formen erfolgen
konnte.

Papillifera (Isabellaria) syracusana Phil. Sizilien.
Papillifera (Isabellaria) oseitans Fér. Malta. .
Papillifera (Isabellaria) pseudosyracusana Gatto. Malta.
Papillifera (Isabellaria) scalaris Pfr. Malta.
Papillifera (Isabellaria) mamotica Gulia. Malta.
Papillifera (Isabellaria) isabellina Pfr. Mittelgriechenl.
Papillifera (Isabellaria) osculans Mart. Mittelgriechenl.
Papillifera (Isabellaria) praestans Wstld. Mittelgrie-
chenland.
Papillifera (Isabellaria) coarctata Mss. Epirus.
Papillifera (Isabellaria) lophauchena Stur. Mazedonien.
Papillifera (Isabellaria) venusta A. S. Parnass.
Papillifera (Isabellaria) thermopylarum Pfr. Parnass.
Papillifera (Isabellaria) saxicola Pfr. Attica.
Papillifera (Isabellaria) chelidromia Bttg. Sporades.
Papillifera (Isabellaria) giurica Bttg. Sporades.
Papillifera (Isabellaria) subsuturalis Wstld. Pelopones.
Papillifera (Isabellaria) negropontiana Pfr. Cuboea.
Papillifera (Isabellaria) clandestina Rssm. Pelopones.
Papillifera (Isabellaria) confusa Bttg. Cerigo.

Subgenus Leucostigma n.

Die Gehäuse nicht dekollierend mit mäßig entwickelter opaker Oberflächenschichte, welche bald die
ganze Oberfläche überzieht und den Gehäusen ein

kalkartig getrübtes Aussehen verleiht oder die opake Oberflächenschichte ist auf helle Nahtpapillen beschränkt, während die hornfarbene bis rotbraune Grundfarbe nur mehr minder getrübt und graublau angelaufen erscheint. Die schwach entwickelte Skulptur besteht nur aus feinen bis undeutlichen Zuwachsstreifen, welche nur an der Naht und dem Nacken deutlicher werden. Am Schließapparat finden wir die Nahtfalten nur durch ein bis zwei Knötchen am oberen Ende der kräftigen Mondfalte angedeutet. Die lamella fulcrans und l. parallela sind typisch, letztere überragt die Mondfalte nach vorne nicht.

Die Radula typisch.

Sexualorgane: Der spindelförmige Penis ohne oder nur mit rudimentärem Divertikel; das Divertikel des Blasenstiels ist kürzer und nur wenig dünner, als der Blasenstiel mit Samenblase.

Papillifera (Leucostigma) leucostigma Rssm. Mittel- und Unteritalien.

Papillifera (Leucostigma) candidescens Rssm. Mittel- und Unteritalien.

In meinem in Rossmäßlers Iconographie N. F. 21. Band 1913 veröffentlichten Vorschlage zu einer systematiscsen Einteilung der Clausiliiden vereinigte ich die Gruppe Papillifera Vest mit den Gruppen Oligoptychia Bttg., Laminifera Bttg., Fusulus Vest, Graciliaria Bielz u. a. in der Subfamilie Metabaleinae. Diese Gruppen erscheinen mit Rücksicht auf die Verhältnisse der Sexualorgane als Misch- oder Uebergangsgruppen, welche einerseits zu den Alopiinen, andererseits zu den echten Baleinen hinüberleiten. Die Formen des Genus Papillifera stimmen zwar mit Rücksicht auf die Verhältnisse der Radula mit einspitziger Mittelplatte und die Sexualorgane vollkommen mit den Alopiinen überein, und nur das oft auffallend dünne und lange Divertikel des Blasenstiels deutet auf die extreme Entwicklung, resp. Reduktion dieses Organes bei den Baleinen hin. Entscheidend waren damals für mich jedoch die Verhältnisse des Schließapparates, welche eigenartig und wesentlich von jenen der übrigen Alopiinen abweichend erscheinen, während diese Verhältnisse bei den übrigen Metabaleinen auffallend ähnlich sind; fortgesetzte Untersuchungen haben mich jedoch überzeugt, daß die Entwicklung des Schließapparates mit der übrigen Organisation nicht in Einklang gebracht werden kann. Der Schließapparat ist eben das Resultat der Anpassung an bestimmte und besonders klimatische Verhältnisse. So erscheint es begreiflich, daß ähnliche Verhältnisse des Schließapparates bei sonst vollkommen abweichenden Gruppen auftreten können. Wie schon oben erwähnt, kann der Schließapparat der Papilliferen als eine der vollkommensten Entwicklungsformen dieses Organes bei den Clausiliiden bezeichnet werden. Aehnliche Entwicklungsgrade wurden auch bei anderen, sonst abweichenden Gruppen erreicht.

Die Konchylienfauna diluvialer und alluvialer Ablagerungen in der Umgebung von Mühlhausen i. Th.

Von

B. Klett, Mühlhausen i. Th.

III. Teil.

Das umfangreiche Kalktufflager im Norden der Stadt Mühlhausen wird von dem kleineren, im Südwesten des Ortes gelegenen, durch einen sich zungenförmig dazwischenschiebenden Rücken getrennt, auf welchem die Oberstadt erbaut ist. Dieser Rücken besteht zum größten Teil aus den bunten Mergeln des Mittelkeupers, die teilweise von diluvialem Kalktuff überlagert sind. Die Unterstadt, sowie die sich nach Westen bis Popperode hinziehende Talebene werden von dem kleineren Kalktufflager ausgefüllt. Im Osten der Stadt stößt dieses mit dem Hauptlager zusammen und die Kalktuffablagerung reicht jedenfalls erheblich weiter ostwärts, als dies auf der geologischen Karte angegeben ist. Bei Ausschachtungsarbeiten zwischen Mühlhausen und dem Dorfe Görmar wird das Kalktufflager und eine ihm eingebettete, etwa 0,40 m starke Torfschicht, regelmäßig aufgeschlossen. Ständige Aufschlüsse in Sandgruben und Steinbrüchen fehlen östlich der Stadt.

Verdankt das Hauptlager seine Entstehung, abgesehen von einem ursprünglichen Flächen-Quellmoore, in der Hauptsache der Unstrut und den ihr zufließenden Bächen Luhne und Schildbach, so ist das kleinere Lager als eine Ablagerung des Popperöder Baches anzusprechen. Die Popperöder Quelle liefert täglich 2500—4000 cbm Wasser, das benachbarte Grundsloch 4500—5500 cbm und die Salzquelle im Sanders Garten etwa 5000 cbm Wasser. Nach den neueren, im Laboratorium der Geologischen Landesanstalt zu Berlin angestellten Untersuchungen führt das Quellwasser von Popperode täglich 812 kg kohlensauren Kalk, 276 kg Gips, 276 kg Glaubersalz und 360 kg kohlensaure Magnesia, zusammen 1723 kg (fast•84¹/₂ Zentner) aufgelöste Mineralien mit sich. Mehr als das sechsfache an chemisch gelösten Stoffen findet sich in der im Laufe eines Tages aus der Salzquelle im Sandersschen Garten strömenden Wassermenge. Die Niederschlagsstoffe dieser beiden Quellen, sowie die des Grundsloches haben das Material für das Kalktufflager längs des

Popperöder Baches geliefert. Daß bei der Entstehung des Kalktuffes die Pflanzenwelt eine nicht geringe Rolle gespielt hat, beweisen die Chara- und Schilfinkrustationen, die innerhalb der Ablagerung oft ganze Schichten bilden. Das Lager ist als ein ehemaliges Flächen-Quellmoor anzusprechen.

Zahlreiche Steinbrüche gewähren einen guten Einblick in das Kalktufflager. Im Sommer 1917 zeigte der Schillingsche Steinbruch auf dem Grundstücke der Paul'schen Brauerei folgendes Profil:

Humusschicht . .	0,40 m
weißer Kalksand .	2,50 „
Werkbank . '. . .	1,30 „
erdiger Kalktuff .	0,90 „
Werkbank	3,20 „

Die obere Werkbank zeigte an der Unterseite eine 0,10 m starke Lage von Schilfinkrustationen; auf der unteren Werkbank, die einen vorzüglichen Baustein liefert, lagerte eine Schicht von Chara-Inkrustationen und Blattinkrustationen. Auf der· Sohle des Bruches tritt das Grundwasser aus.

In den Steinbrüchen von K. L. Müller und Hochhaus ist die Werkbank 3,80 m stark entwickelt. Sie besteht hier aus mehreren Schichten, von denen zwei je 1 m stark sind. Die Oberfläche beider Bänke ist mit einer 0,15 m hohen Schicht von inkrustierten Blättern und Charastengeln bedeckt.

Der dicht angrenzende Merten'sche Steinbruch zeigte im Oktober 1918 folgendes Profil:

Humusschicht	0,60 m
erdiger Kalktuff mit lockerem	
zelligen Gestein	0,90 „
weißer Kalksand	1,60 „
erdiger Sand	1,40 „
Werkbank	2,30 „

Die Kalksandschichten führen in allen von mir untersuchten Steinbrüchen eine Unzahl von Characeenfrücht-

chen. Die Konchylienfauna des Lagers ist eine ziemlich
reichhaltige. Es wurden gefunden:

Conulus fulvus Müll., sehr häufig
Hyalinia nitidula Drap. 1.
    „   lenticula Held. 3.
    „   hammonis Ström., hfg.
Vitrea crystallina Müll. 2.
Zonitoides nitida Müll., sehr hfg.
Punctum pygmaeum Drap., sehr hfg.
Acanthinula aculeata Müll. 20.
Vallonia pulchella Müll., hfg.
    „   costellata Al. Br. 3.
    „   excentrica Sterki 15.
    „   costata Müll., hfg.
Euomphalia strigella Drap. 3.
Eulota fruticum Müll., hfg.
Xerophila striata Müll. 15.
Tachea nemoralis L., hfg.
    „   hortensis Müll., hfg.
Chondrula tridens Müll. 5.
Napaeus montanus Drap. 2.
    „   .obscurus Müll. 1.
Torquila secale Drap. 6.
Pupilla muscorum Müll., sehr hfg.
Sphyradium edentulum columella Mts. 2.
•Isthmia minutissima Hartm., sehr hfg.
Vertigo pygmaea Drap., hfg.
    „   moulinsiana Drap., hfg.
    „   antivertigo Drap., sehr hfg.
    „   pusilla Müll. 4.
    „   angustior Jeffr., hfg.
    „   genesii Grdlr. 4.
Cionella lubrica Müll., sehr hfg.
    „   „   „ var. exigua Mke. 5.
Caecilianella cicula Müll. 5.
Succinea putris L., hfg
    „   pfeifferi Rssm., sehr hfg.
Carychium minimum Müll., sehr hfg.
Limnaea stagnalis L., hfg.
Gulnaria ovata Drap. hfg.
Limnophysa palustris Müll., hfg.
    „   truncatula Müll., hfg.
Physa fontinalis L., hfg.
Aplexa hypnorum L., hfg.
Tropidiscus umbilicatus Müll., hfg.
Gyrorbis leucostoma Mill., sehr hfg.
Bathyomphalus contortus L., sehr hfg.
Armiger nautileus L, sehr hfg.
    „   „   „ f. cristatus Drap., hfg.
Hippeutis complanatus L., hfg.

Ancylus fluviatilis Müll. 5.
Ancylus lacustris L. 1.
Bythinia tentaculata L., sehr hfg.
Valvata cristata Müll., sehr hfg.
Pisidium fontinale C. Pf. 21.
Cypris, hig.

Das sind zusammen 54 Arten. Von diesen sind lokal erloschen Vertigo moulinsiana Dup., Vertigo genesii Grdlr., Sphyradium edentulum columella Mts. Zum erstenmale fand ich in den von mir untersuchten Ablagerungen Chondrula tridens Müll. und Torquilla secale Drap.

Was das Alter der Kalktuffablagerungen nördlich und südwestlich der Stadt Mühlhausen anbetrifft, so werden sie auf dem geologischen Kartenblatte (aufgenommen durch K. v. Seebach 1874) als Jüngerer Kalktuff bezeichnet. Die Bildungszeit fällt demnach in das Alluvium. Doch ist anzunehmen, daß die Entstehung dieser Kalktuffe schon im frühen Alluvium begonnen hat. Dafür spricht der große Umfang und die Mächtigkeit der Ablagerungen, sowie das Auftreten einzelner, in der Gegenwart erloschener oder im Rückgange befindlicher Schneckenarten.

Sechs km oberhalb der Stadt Mühlhausen hat sich die Unstrut zwischen den Dörfern Reiser und Dachrieden tief in die Nodosenschichten des oberen Muschelkalks eingegraben. Das enge Flußtal wird auf halbem Wege zwischen den beiden Dörfern auf der rechten Seite des Flusses von einem kleinen Gehölze, dem Reiser'schen Hagen begrenzt. Dicht am Nordrande desselben fließt die Unstrut vorbei. Auf ihrem rechten Ufer findet sich ein kleines Kalktufflager, welches in einer Sandgrube aufgeschlossen ist. Abgebaut wird Kalksand, der zur Mörtelbereitung Verwendung findet.

Das Profil der Sandgrube zeigte im Sommer 1917 folgende Schichten:

```
Humusdecke . . . . . . . . .  0,60 m
weißer, lockerer Kalktuff  . . . .  0,80 „
erdiger Kalktuff . . . . . . . . .  0,15 „
weißer, lockerer Kalktuff  . . .  1,60 „
dünn geschichteter, harter Kalktuff  0,25 „
weißer Kalksand . . . . . . .  1,— „
```

Die beiden unteren Kalksandschichten führen viele Konchylien. Beim Ausschlämmen stellte ich 45 Arten fest und zwar:

Conulus fulvus Müll., häufig.
Hyalinia hammonis Ström., sehr fg.
„ petronella (Chrp.) Pfr, l5.
Vitrea crystallina Müll., sehr hfg.
Zonitoides nitida Müll., sehr hfg.
Punctum pygmaeum Drag., sehr hfg.
Patula rotundata Müll. 2.
„ ruderata Stud., hfg.
Vallonia pulchella Müll., sehr hfg.
„ costata Müll, sehr hfg.
Trigonostoma obvoluta Müll. 2.
Trichia hispida L. 4.
Eulota fruticum Müll., hfg.
Xerophila ericetorum Müll., 1.
„ striata Müll. 2.
Napaeus montanus Drap. 1.
Torquila frumentum Drap. 3.
Sphyradium edentulum columella Mts. 1.
Isthmia minutissima Hartm. 2.
Vertigo pygmaea Drap., sehr hfg.
Vertigo moulinsiana Dup 6.
„ antivertigo Drap., sehr hfg.
„ substriata Jeffr. 12.
„ pusilla Müll., hfg.
„ angustior Jffr. 5.
„ genesii Grdl. 1.
Clausilia (Bruchstück) 1.
Cionella lubrica Müll., hfg.
„ „ „ var exigua Mke. 6.
Suceinea putris L. 6.
Carychium minimum Müll., sehr hfg.
Limnaea stagnalis L., hfg.
Gulnaria ovata Drap., sehr hfg.
Limnophysa palustris Müll., var. curta Cless, hfg.
„ truncatuta Müll. 4.
Physa fontinalis L., hfg.
Aplexa hypnorum L., hfg.
Gyrorbis leucostoma Mill., sehr hfg.
Bathyomphalus contortus L., hfg.
Gyraulus glaber Jeffr. 4.
Armiger nautileus L., hfg.

Bythinia tentaculata L., hfg.
„   leachi Shepp. 3.
Valvata cristata Müll., hfg.
Pisidium fontinale C. Pf. 4

Davon gehören zur Reliktenfauna: Patula ruderata Stud.
Vertigo moulinsiana Dup., Vertigo substriata Jeffr., Vertigo genesii Grdl., Sphyradium edentulum columella Mts.
Dem Kalktufflager kann ein höheres Alter zugesprochen
werden, als dem nördlich und südlich von Mühlhausen.
Vielleicht fällt seine Bildungszeit noch in das Diluvium.
Patula ruderata Stud., welche ich in größerer Anzahl
fand, kommt auch im diluvialen Kalktuffe an der Klippe
des Tönberges vor, konnte sonst aber noch in keinem
anderen Kalktufflager aufgefunden werden. Ebenso tritt
neu Vertigo substriata Jeffr. auf.

Die Konchylien der beiden vorstehenden Verzeichnisse haben Herrn D. Geyer, Stuttgart vorgelegen, der
die Güte hatte, die Bestimmungen nachzuprüfen.

Ein weiteres Kalktufflager findet sich im Unstruttale zwischen Dachrieden und Horsmar, bei der Beiröder Spinnerei. Das Kalktufflager zieht sich als schmales
Band längs der Unstrut hin und reicht in einer Längsausdehnung von 6 km von Dachrieden bis dicht vor
Zella. Der beste Aufschluß ist bei der Beiröder Spinnerei, wo der Fluß ein Steilufer gebildet hat. Im Fluß-
bette selbst liegen große Felsblöcke von festem, hartem
Kalktuffe, die bei Hochwassern der Unstrut aus dem
Steilufer ausgewaschen worden sind. Das rechte Flußufer zeigt gegenwärtig folgendes Profil:

erdiger Kalksand . . .	1,20 m
Muschelkalkschotter . .	0,30 „
körniger Sand	0,70 „
Werkbank (dichter Fels)	3,70 „
Muschelkalkschotter . .	1,70 „

Die Werkbank wird von einem äußerst harten Kalkge-
stein gebildet, auf dem Blattinkrustationen beobachtet
werden. Schnecken konnte ich im Felsen nicht auf-

finden. Dicht neben der Felswand zeigt das Flußufer keine Felsbildung, sondern:

0,80 m erdigen Kalksand
2,50 „ lockeren, grauen Kalksand
1,10 „ harten Kalksand
1,— „ lockeren Kalksand
0,80 „ Muschelkalkschotter

Aus dem erdigen Kalksand schlämmte ich aus:

Hyalinia hammonis Ström. 1.
 „ sp. Anfangswindung einer größeren Art 1.
Vitrea crystallina Müll., hfg.
Acanthinula aculeata Müll. 1.
Vallonia pulchella Müll., sehr hfg.
 „ excentrica Sterki 5.
 „ costata Müll., sehr hfg.
Trichia hispida L. 2.
 „ „ „ var concinna Jeffr. 7.
Eulota fruticum Müll. 2.
Arianta arbustorum L. 7.
Patula rotundata Müll. 2.
Pupilla muscorum Müll. 8.
Vertigo pygmaea Drap. 2.
 „ antivertigo Drap. 1.
Alinda biplicata Ström. 2.
Kuzmicia dubia Drap. 1.
 „ bidendata Ström. 2.
Cionella lubrica Müll. 4
Caecilianella acicula Müll., hfg.
Succinea putris L. 1.
 „ oblonga Drap. 2.
Carychium minimum Müll. hfg.
Acme polita Hartm. 5.

Erheblich reichhaltiger ist die Konchylienfauna des lockeren Kalksandes über dem Muschelkalkschotter am Grunde des Aufschlusses. Hier stellte ich fest:

Conulus fulvus Müll., sehr hfg.
Hyalinia hammonis Ström., sehr fg.
 „ petronella (Chrp.) Pfr. 1b
Vitrea crystallina Müll., sehr hfg.
Zonitoides nitida Müll., sehr hfg.
Punctum pygmaeum Drap. 7.
Patula rotundata Müll. 7.
 „ ruterada Stud. 1.
Acanthinula aculeata Müll. 1.
Vallonia pulchella Müll. sehr hfg.
 „ excentrica Sterki 1.
 „ costata Müll., hfg.
Trigonostoma obvoluta Müll. 3.

Trichia hispida L. 12.
Euomphalia strigella Drap. 3.
Eulota fruticum Müll, hfg.
Tachea hortensis Müll. 1.
Chondrula tridens Müll. 1.
Buliminus sp. Bruchstück einer kleineren Art.
Pupilla muscorum Müll. 2.
Sphyradium edentulum columella Mts. 12.
Vertigo pygmaea Drap. 2.
    „   moulinsiana Dup. 6.
    „   antivertigo Drap., sehr hfg.
    „   substriata Jeffr. 1.
    „   angustior Jeffr., hfg.
Clausiliastra laminata Mont. 1.
Pirostoma ventricosa Drap. 2.
Cionella lubrica Müll. (Normalform), hfg.
   ;,   „   „   var. exigua Mke. 5.
Succinea putris L. 3.
    „   pfeifferi Rossm. 1.
Carychium minimum Müll., sehr hfg.
Limnaea stagnalis L., hfg.
Gulnaria ovata Drap., hfg.
Limophysa truncatula Müll. hfg.
Physa fontinalis L., hfg.
Aplexa hypnorum L. 5.
Gyrorbis leucostoma Mill., hfg.
Bathyomphalus contortus L. 17.
Gyraulus albus Müll. 1 unvollendetes Stüch.
    „   rossmaessleri Auersw. desgl.
Armiger nautileus L. 8.
Ancylus fluviatilis Müll. 1.
Bythinia leachi Shepp. 2.
Valvata cristata Müll., sehr hfg.
Pisidium sp. 1.

Es wurden demnach in dem Kalktufflager 55 Arten gefunden. Das Vorkommen von Sphradium edentulum columella Mts., Vertigo moulinsiana Dup., Vertigo substriata Jeffr., Patula ruderata Stud. sprechen für ein höheres, vielleicht diluviales Alter des Kalktuffes, welcher, wie auch der im Reiserschen Hagen von der Unstrut abgesetzt worden ist.

Die Konchylien von der Beiröder Spinnerei haben teils der Königlichen Geologischen Landesanstalt zu Berlin, teils Herrn D. Geyer, Stuttgart zur Nachprüfung der Bestimmungen vorgelegen.

Bei der Beiröder Spinnerei mündet, von Norden kommend der Eigenröder Steingraben. Auf der bewaldeten Höhe links von der Mündung des Grabens findet sich in einer Höhe von 35—40 m über dem Spiegel der Unstrut ein Kalktufflager diluvialen Ursprungs. Zahlreiche Felstrümmer des harten Gesteins liegen zerstreut auf der Bergkuppe. Ein wohl 1 cbm mächtiger Block findet sich im Eigenröder Steingraben. Fossilien führt das Gestein so gut wie gar nicht. Nur eine einzige kleine Schnecße, anscheinend Gulnaria ovata Drap. war aufzufinden.

Oestlich der Stadt Mühlhausen i. Th. (auf dem geologischen Kartenblatte Körner) findet sich im Tale des Notterbaches ein Kalktufflager. Die Entfernung von der Stadt beträgt 6—7 km das Lager selbst ist 4 km lang und durchschnittlich 0,5 km; breit. Der Ort Körner liegt in der Mitte der Kalktufflagers und ist auf demselben erbaut. Aufschlüsse fehlen zur Zeit fast völlig. Nur an der Landstrasse, die von Großgrabe nach Körner führt, liegen rechts der Straße, bei km 0,6 zwei kleine Sandgruben in denen 1,20—1,40 m mächtiger, lockerer Kalksand abgebaut wird. Max Bauer sagt im Begleitworte zur geologischen Karte von 1883: „Die Kalksande sind das Hauptlager der einzelnen Tuffschnecken, die in ca. 20 Spezies und in Tausenden von Exemplaren vorhanden sind. Es sind fast lauter Sumpf- und Süßwasserschnecken: Limnaen, Planorben etc., selten eine Helix, Pupa oder sonstige Landschnecken". Ich fand 30 Arten von Konchylien:

Conulus fulvus Müll., sehr hfg.
Hyalinia hammonis Ström hfg.
Zonitoides nitida Müll. hfg.
Vallonia pulchella Müll., hfg.
„   excentrica Sterki 6.
„   costata Müll., hfg.
Euomphalia strigella Drap. 2.
Eulota fruticum Müll. 1.

Vertigo moulinsiana Drap., hfg.
„   pygmaea Drap., sehr hfg.
„   antivertigo Drap. sehr hfg.
„   angustior Jeffr. hfg.
Cionella lubrica Müll., typ. hfg.
„   „   „ var. exigua Mke. 5.
Succinea pfeifferi Rssm., hfg.
Carychium minimum Müll, hfg.
Limnaea stagnalis L. hfg.
Gulnaria lagotis Schrank. hfg.
Limnophysa palustris var. septentrionalis Cless., hfg.
„   truncatula Müll., sehr hfg.
Tropidiscus umbilicatus Drap., hfg.
Bathyomphalus contortus L., sehr hfg.
Gyrorbis leucostoma Müll., sehr hfg.
Segmentina nitida Müll., hfg.,
Armiger nautileus L , hfg.
Physa fontinalis L., hfg.
Bithynia tentaculata L., sehr hfg.
„   leachi Shepp. 5.
Valvata cristata Müll., sehr hfg.
Pisidium fontinale C. Pfr., hfg. ·

Das Kalktufflager ist vom Notterbach abgesetzter
Schwemmtuff. Die Bildungszeit fällt in das Alluvium.
Die Konchylienfauna hat der Königlichen Geologischen
Landesanstalt zu Berlin vorgelegen.

Südwestlich vom Dorfe Großgrabe (Blatt Körner)
fand ich am Steilufer des Notterbaches, der hier am
Kalkkopfe vorbeifließt, eine konchylienführende Kiesbank,
die 3 m über dem Wasserspiegel des Baches liegt.
Die Kiesbank ist 0,40 m stark. Ueberdeckt wird sie
von einer 0,80 m starken Humusschicht, unter dem Kiese
ist der Auelehm in einer Mächtigkeit von 2,60 m entblößt.
An Konchylien stellte ich fest:

Conulus fulvus Müll.
Zonitoides nitida Müll.
Vitrea crystallina Müll.
Vallonia pulchella Müll.
„   „   „ var. eniensis Grdl.
„   costata Müll.
Trichia hispida L.
Xerophila ericetorum Müll. (wahrscheinlich subfossil).
Pupilla muscorum Müll.
Vertigo pygmaea Drap.
„   antivertigo Drap.

Vertigo angustior Jeffr.
Cionella lubrica Müll. Normalform.
Caecilianella acicula Müll.
Succinea pfeifferi Rssm.
Limnaea stagnalis L.
Gulnaria ovata Drap.
Limnophysas truncatula Müll.
Tropidiscus umbilicatus Müll.
Bathiomphalus contortus L.
Gyrorbis vorticulus Trosch.
Hippeutis complanatus L
Bithynia tentaculata L.
Valvata cristata Müll.
Uñio batavus Lm. (großes doppelschaliges Stück).
Pisidium fontinale C. Pfr.
      „   rivulare Cless.

Zusammen 27 Arten, von denen Vallonia enniensis Grdl.
und Gyrorbis vorticulus Trosch. von Interesse sind.
Die Konchylien haben gleichfalls der Kgl. Geologischen
Landesanstalt zu Berlin vorgelegen.

Buliminus (Mastus) bielzi Kim. im deutschen Pleistozän.

Von

R. Wohlstadt.

In dem von Herrn Professor Dr. Ew. Wüst-Kiel
gesammelten und mir in liebenswürdiger Weise zur
weiteren Bearbeitung zur Verfügung gestellten Material
diluvialer Conchylienfaunen aus den Travertinen am
Nordabhange des Gr. Fallsteins im nördlichen Harz-
vorlande fand sich ein Buliminus, in welchem ich B.
(Mastus) bielzi Kim. (=grandis E. A. Bielz, 1859 nec
1853) [1]) wiedererkannte und zwar den Typus, nicht etwa
die von Kimakowicz [2]) aus Nordost-Ungarn beschriebene

---

[1]) Als grandis E. A. Bielz z. B. bei Kimakowicz (Verband-
lungen und Mitteilungen des siebenbürg. Ver. für Naturw.,
XXXIV. Jahrg., 1884, S. 110) und Westerlund (Fauna III., S. 16)
angeführt.

[2]) Verh. u. Mitt. d. siebenbürg. Ver. für Naturw. XL. Jahrg.,
1890, S. 88 f.

rezente var. traxleri Kim., noch die von demselben Autor[3]) aus den Schichten des Schustergrabens am linken Kokelufer bei Schässburg beschriebene fossile var. sepulta Kim.

Das mir vorliegende Material besteht nur aus Bruchstücken, von denen sich indessen einige größere, die allerdings verschiedenen Gehäusen angehört haben dürften, zu zwei vollständigen Gehäusen zusammensetzen ließen. Ich konnte mein Material mit rezenten Stücken aus der großen Conchyliensammlung des hiesigen Zoologischen Museums vergleichen, welche mir von den Herren Professoren H. Lohmann und G. Pfeffer für meine Untersuchungen in dankenswerter Weise zugänglich gemacht worden ist. In dieser Sammlung ist B. (Mastus) bielzi Kim.in 2 Stücken mit der Fundortsbezeichnung Transsylvanien sowie in einem Stück von Klausenburg vertreten.

A. Wollemann[4]) stellt 1908 den ihm aus den Travertinen des Gr. Fallsteins vorliegenden Buliminus frageweise zu „montanus Müll."[5]), also ins Subgenus Ena. Nach der von ihm[6]) gegebenen Erörterung seines einzigen Stückes hat er offenbar ebenfalls B. (Mastus) bielzi Kim. in Händen gehabt.

Ew. Wüst[7]) beschreibt schon 1902 einen Buliminus aus dem diluvialen Travertin von Schwanebeck bei Halberstadt, den er aber ins Subgenus Zebrina Held. stellt, und dessen Artzugehörigkeit er nicht bestimmen konnte, da ihm nur Bruchstücke eines Gehäuses vorlagen.

H. Menzel[8]) gibt 1909 der Vermutung Ausdruck,

---

[3]) Verb. u. Mitt. d. siebenbürg. Ver. für Naturw. XL. Jahrg. 1890. S. 89.
[4]) 15. Jahresber. d. Ver. f. Naturw. z. Braunschweig 1908. S. 47.
[5]) soll heißen: montanus Drap.
[6]) a. a. O.
[7]) Zeitschr. d. D. geol. Ges., 54. Bd., 1902, Briefl. Mitt., S. 17.
[8]) Centralblatt f. Min. usw. 1909, S. 90.

daß diese beiden fraglichen Schnecken wohl „zu derselben, wahrscheinlich noch unbeschriebenen Art" gehören:

In der Tat hielt Wüst den Schwanebecker und
seinen Fallstein-Buliminus, die er in Halle vor Jahren
verglichen hatte, für dieselbe Art, und ich selbst habe mich
jetzt an Hand des vom Geologischen Institute zu Halle
freundlichst zur Verfügung gestellten Materials davon
überzeugt, daß der Schwanebecker Buliminus nichts
anderes als Mastus Bielzi ist.

B. (Mastus) Bielzi Kim. ist eine südosteuropäische
Art, die nach Westerlund heute nur in Siebenbürgen
lebt. Csiki [9]) gibt den Typus von 6 Fundorten in
Siebenbürgen und einem im benachbarten Bihargebirge
an. Man kann die Art also als selten bezeichnen. Das
Tier lebt nach Kimakowicz [10]) in Wäldern unter Laub
und Holz.

In den diluvialen Travertinen des Großen Fallsteins
und zwar im Steinbruch beim Osterberg westl. Osterode
ist Mastus bielzi nicht selten. Ich sammelte ihn dort kürzlich ohne große Mühe in mehreren (zerbrochenen)
Exemplaren. In den Steinbrüchen am Wasserberg und
an der Steinmühle (zwischen Osterode und Veltheim)
habe ich ihn aber trotz eifrigen Suchens nicht gefunden,
wie auch das Wüstsche Material ausschließlich vom
Osterberg stammt. Die Conchylienfaunen dieser Lokalität
und der der Steinmühle zeigen überhaupt auffällige Unterschiede, wie ich demnächst an anderer Stelle ausführlich
zeigen werde.

Mineralogisch-Geologisches Institut zu Hamburg.

---

[9]) Fauna Regni Hungariae, II. Mollusca, Budapest 1916, S. 24.
[10]) a. a. O. S. 88.

Herausgegeben von Dr W Wenz. — Druck von P. Hartmann in Schwanheim a M
Verlag von Moritz Diesterweg in Frankfurt a M

Ausgegeben: 4. November 1919.

Eingegangene Zahlungen.

cand. geolog. Artur Ebert, Berlin, Mk. 10.—; — Professor Dr. Fritze, Hannover, Mk. 10.—; — Professor Carl Künkel, Mk. 10.—; — H. Seel, Kopenhagen, Mk. 10.—; — Notar Anton Köhler, Saaz Böhmen, Mk. 10.—; — A. Gyßer, Lichtenthal b. Baden, Mk. 10.—.

Neue Mitglieder.

Berthold Sunder, Postexpeditör, Boras Schweden; — H. Seel, Kopenhagen, Blegdamsvy 126; — G. K. Gude, London, 9 Wimbledon Park Road, Wandsworth S. W. 18; — Notar Anton Köhler, Saaz i. Böhmen.

Veränderte Anschriften.

Herr J. Royer ist von Berlin S. 14 Annenstrasse nach Berlin S 24 Friedrichstrasse 129 verzogen; — Herr G. Zwanziger, Realschulassistent, ist von Ingolstadt nach Hof i. B., Realschule, verzogen; — Herr P. Hesse ist von Oberzwehren nach München, Obermaierstrasse 1, 3 verzogen; — Herr A. Gysser ist von Weissenburg i. Els. nach Lichtenthal Nr. 76 b. Baden-Baden verzogen.

Lightning Source UK Ltd.
Milton Keynes UK
UKHW011953021218
333216UK00013B/1881/P